Impressum

Einbandgestaltung: R2 I Ravenstein, Verden

Titelfoto: Sophie Strodtbeck
Foto auf der Rückseite: Creative Cat Studio/Shutterstock.com (oben), privat (unten)

Alle Angaben in diesem Buch wurden nach bestem Wissen und Gewissen gemacht. Für einen eventuellen Missbrauch der Informationen in diesem Buch können weder der Autor noch der Verlag oder die Vertreiber des Buches zur Verantwortung gezogen werden. Eine Haftung für Personen-, Sach- und Vermögensschäden ist ausgeschlossen.

ISBN 978-3-275-02257-1

Postfach 103743, 70032 Stuttgart
Ein Unternehmen der Paul Pietsch Verlage GmbH & Co. KG

1. Auflage 2022

Sie finden uns im Internet unter www.mueller-rueschlikon-verlag.de

Lektorat: Claudia König
Innengestaltung: Anna Kurz, tebitron gmbh, Gerlingen
Druck und Bindung: Graspo CZ, 76302 Zlin
Printed in Czech Republic

«Sich zu bilden heißt, lernen zu wollen wie alles geschieht.»

Epiktet

Inhalts-verzeichnis

Foto: Schröder

Hunde sind Nasentiere.

Foto: Javier Brosch/shutterstock.com

Vorwort

Wer selbst je das Glück hatte, mit einem Hund zusammenzuleben, der weiß sicher von so einigen Erlebnissen zu berichten, die, ganz im Sinne des rechts angeführten Zitates, die erstaunlichen Sinnesleistungen, zu denen diese Tiere fähig sind, belegen.
Diese besonderen Eigenschaften haben dazu geführt, dass der Hund dem Menschen seit vielen Jahrtausenden verbunden ist, und zwar in so vielfältigen Beziehungen, wie wir sie mit keinem anderen Lebewesen aufgebaut haben. Hunde sind Beschützer, Retter, Helfer in den unterschiedlichsten Situationen, zuverlässige Mitarbeiter und nicht zuletzt treue Begleiter und – in unserer durch zunehmende Vereinzelung und oftmals auch Einsamkeit gekennzeichneten Gesellschaft – tatsächliche Lebenspartner. Diese Vielfalt an Fähigkeiten wird repräsentiert von Hunderten verschiedener Rassen, die doch alle zur selben Spezies gehören, auch wenn man das angesichts der enormen Diversität im Erscheinungsbild wie auch in den jeweiligen spezifischen Eigenschaften manchmal kaum glauben kann. Entscheidend waren bei der Herausbildung der Mensch-Hund-Verbindung sicher zwei Aspekte: die Fähigkeit des Hundes, mit dem Menschen zu kommunizieren und dessen Gefühle und Bedürfnisse zu erkennen, verbunden mit der Bereitschaft, selbstlos darauf einzugehen. Die Leistungen des Hundes übersteigen die menschlichen auf vielen Gebieten. Das gilt besonders für sensorische Kompetenzen, die ein durchschnittlicher Mensch nicht erreichen kann: auch ein Hund, der kein Spürhund ist, wird im Allgemeinen einen empfindlicheren Geruchs- und Gehörsinn aufweisen als sein menschlicher Gefährte. Das feine Gehör meldet dem Hund im Haus die Ankunft eines Gastes lange, bevor die menschlichen Mitbewohner dies erfassen können. Solche Eigenschaften erweitern menschliche Möglichkeiten, und das hat unsere Spezies sich seit Langem zunutze gemacht.
Auch in der Literatur schlägt sich die besondere Rolle des Haustiers Hund nieder. Dies betrifft sowohl belletristische Bücher als auch das große Gebiet des Sachbuchs, und immer noch kommen zahlreiche neue Veröffentlichungen hinzu. Das vorliegende Buch sticht aus dieser Flut heraus. Der Autor vereint in seiner Person wissenschaftliche Expertise als

«Ich habe große Achtung vor der Menschenkenntnis meines Hundes, er ist schneller und gründlicher als ich.»

Fürst Bismarck

Physiologe gepaart mit großem Hundeverstand und Liebe zum Hund, und dies vermittelt er seit Langem als Berater und Referent. So hat er mit dem nun erschienenen Werk seine besondere Qualifikation als Wissenschaftler, der die Sinnesleistungen des Hundes im Detail versteht, mit großem Hundeverstand und Empathie aufbereitet, und es ist ihm gelungen, sein Expertenwissen in eine fundierte und gleichzeitig spannende und verständlich zu lesende Übersicht zu bringen.
Für den nicht spezialisierten Leser werden die fachlichen Zusammenhänge sehr anschaulich erklärt und nachvollziehbar durch hervorragende Grafiken und Abbildungen ergänzt. Es ist ein Genuss, durch den Text zu blättern und immer wieder durch exzellente, teilweise auch sehr lustige Fotos von Hunden geleitet zu werden. Trotz des hohen fachlichen Anspruchs wird es dem Leser bei der Lektüre dieses gelungenen Buches dadurch immer leicht gemacht, nicht nur auf wissenschaftlich fundierte, sondern auch auf unterhaltsame Weise in die Tiefen der Biologie der Sinne einzutauchen.

Unter den anderen gelungenen kynologischen Büchern des Autors ist das vorliegende Werk herausragend. Es hilft nicht nur, die Grundlagen der Sensorik des Hundes zu begreifen, sondern vermittelt dem Hundehalter und -züchter, die Verhaltensweisen unserer Hunde und deren Steuerung zu verstehen. Dies ist Voraussetzung für ein inniges Verstehen und Zusammensein von Mensch und Hund.
Es ist zu wünschen, dass das vorliegende Buch einen großen Leserkreis findet und interessierte Züchter, Hundesportler, aber im Grunde jeder Hundehalter durch die Lektüre das faszinierende Wesen Hund besser versteht.

Prof. Dr. med. vet. Ingo Nolte
Tierärztliche Hochschule Hannover

1 Prolog

«Es ist wohl kaum zu bezweifeln, dass die Liebe zum Menschen beim Hund zu einem Instinkt geworden ist.»

Charles Darwin,
Naturforscher

Foto: Dirima/Shutterstock.com

Als ich an diesem trüben Februartag erwachte (ja, genau an jenem Tag, der unsere Weltgeschichte schlagartig verändern sollte ...) und mich nur wenige Zentimeter aufrichtete, um einen ganz schnellen Blick auf den Wecker erhaschen zu können, bemerkte ich, wie unsere zehnjährige Hündin Seren (Border Collie) fast synchron ebenfalls ihren Kopf erhob, in dieser Position regungslos verharrte und gespannt abwartete, wie Frauchen nun auf ihre gewonnene Information reagieren würde. In dieser Situation gibt es stets genau zwei Möglichkeiten: Wenn es erst nachts um vier Uhr herum ist, kann ich meinen Kopf rasch wieder absinken lassen – Eile ist geboten – und meine Hündin macht es mir nach. Jetzt weiß ich, dass ich mich noch einmal umdrehen darf: Glück gehabt! Wenn aber die innere Uhr meiner Hündin meldet, Frauchen weiß nun auch, dass es auf fünf Uhr zugeht – und das kann mitunter leider auch mal noch eine gute halbe Stunde hin sein (müßig, an dieser Stelle die Zeitumstellung zu erwähnen), habe ich keine große Chance aufs Weiterschlafen. Manchmal probiere ich es dennoch und stelle mich unverzüglich schlafend, probeweise ... Dabei spüre ich allerdings genau, dass mich weiterhin zwei Augen anblicken und unsere Hündin nun dasselbe weiß wie ich. Wie war das wieder möglich? Habe ich innerlich lächelnd vielleicht meinen Mundwinkel um eine Nuance nach oben bewegt? Ich könnte wetten, dass nicht. Als Nächstes kommt also die Stufe „Rute wedeln" im schnellen Takt und laut

Die fünf Leitsinne.

„Klopf-Klopf!" gegen die Bettumrandung. Wenn ich *jetzt* nicht „Guten Morgen" signalisiere, kommen erste zarte Töne aus der kleinen Fellschnauze, die dann aber schnell an Lautstärke und Tonhöhe zunehmen können. So stoppe ich die Tonleiter mal wieder spätestens vor dem ersten „Wuff", indem ich brav zu kommunizieren beginne, dass ich selbstverständlich (sofort/gleich/bald ...) aufstehen werde. „Wann denn?" fragt sie also. Wenn das Fräulein es nicht ganz so eilig hat mit der inneren Uhr („Ich habe Hunger!"), darf ich im Halbschlaf noch ihr Bäuchlein kraulen. Wenn es aber eilig ist, fällt Bauchkraulen aus und meine Hündin springt mit einem Satz schon mal in Richtung Flur. Von dort aus ist es nicht mehr weit bis zum Futternapf. Falls ich nun auf die dumme Idee komme, meinen nicht ganz so eleganten Sprung aus dem Bett zu verzögern, wird die Erpressermethode eingeleitet: Meine Hündin trappelt zurück über das Laminat und rüstet sich für einen lautstarken Heuler direkt vor meinem natürlich bis jetzt ganz in Ruhe schlafenden Ehemann beziehungsweise Herrchen. *Jetzt sofort* raus aus dem Bett, der Tag beginnt! Und während ich noch versuche, alle meine Sinne nach und nach in Gang zu bringen, bin ich mal wieder verblüfft und natürlich auch ein bisschen fasziniert, wie erfolgreich meine süße Maus in kürzester Zeit mal wieder ihre unbestechlichen Sinne für Kommunikation und das daraus folgende Verhalten eingesetzt hat.

Dr. med. vet. Heike Schröder

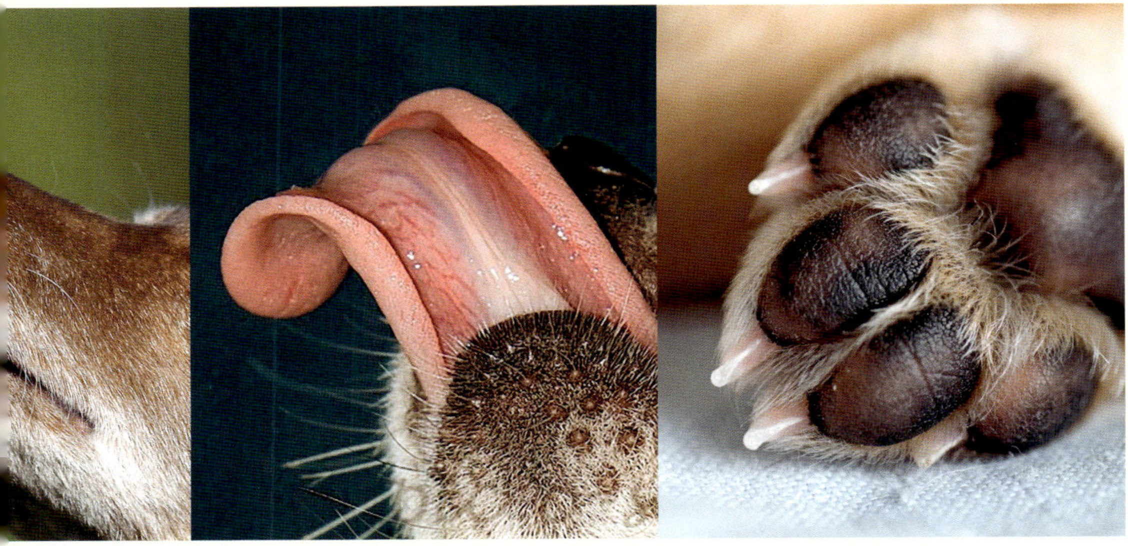

Quellen: shutterstock/Jacobo Castro Cristo (Auge), Anna Hoychuk (Pfote), Strodtbeck (Ohr, Zunge), Schröder (Nase)

Neugierig und fröhlich geht es über die Wiese.

Foto: thka/Shutterstock.com

2 Einleitung:

Foto: Sophie Strodtbeck

> **«Der Hund ist die Tugend, die sich nicht zum Menschen machen konnte.»**
>
> Victor Hugo,
> Schriftsteller

Das Weltbild entsteht im Kopf

Kommunikation Mensch – Hund

Foto: Anita Kot/Shutterstock.com

Sinne bedeuten Wissen! Sehen, Hören, Riechen, Schmecken und Tasten sind die klassischen fünf Sinne, die wir aus dem Tierreich kennen. Der Hund nimmt mit ihnen genau wie wir Eindrücke und Reize aus der Umwelt auf. Die Sinnesleistungen sorgen für den Erhalt der wichtigsten Grundfunktionen der körperlichen Fitness und ermöglichen die Kommunikation mit der Umwelt, das Lernen und auch Verhaltensanpassungen bis hin zur Fortpflanzung und Arterhaltung. Das „Fünf-Sinne-Modell" bildet das zentrale Element für die Kommunikation mit der Umwelt. Es sind die Informationen dieser fünf Sinne, die im Gehirn zusammengefasst, ausgewertet, gespeichert und mit schon vorhandenen Bildern verglichen werden. Dabei entsteht ein Weltbild oder besser gesagt ein Bild der jeweils aktuell

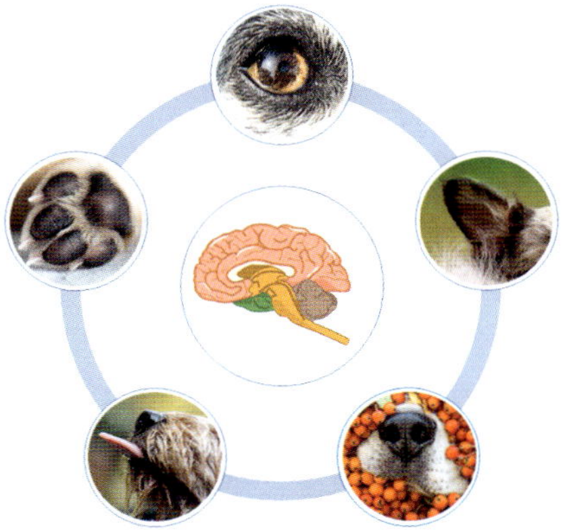

Quellen: Strodtbeck (Auge, Ohr, Nase, Zunge), shutterstock/medicalstocks (Gehirn), Anna Hoychuk (Pfote)

Das Gehirn – Chef der Sinne

Sinnesorgane, Nervenzellen und Nervenbahnen sind für die Kommunikation mit der Umwelt und der Regulation der Körperfunktionen verantwortlich.

Quelle: Schröder

Die klassischen FÜNF Leitsinne und noch etwas mehr			
Sinnesqualität	**Rezeptoren**	**Reiz**	**Funktion**
Physikalische Sinne			
Sehsinn = Visuelles System	Augen/Netzhaut (Retina)	Lichtwellen	Farben, Raum, Struktur und Umrisse, Bewegung, Helligkeit
Hörsinn = Auditives System	Hörschnecke (Cochlea)	Schallwellen	Geräusche, Klänge, Richtungshören, Lautstärke, Sprache
Chemische Sinne			
Geruchssinn = Olfaktorisches System	Riechepithel, Duftrezeptoren	Gasförmige, chemische Verbindungen	Das ist der einzige Sinn, der direkt mit dem „Gefühlszentrum" (limbisches System) im Gehirn verschaltet ist: Raumgefühl, Nahrungssuche, Hygiene, Wohlbefinden, Sympathie, Antipathie, Stresslevel, Resilienz
Geschmackssinn = Gustatorisches System	Zungen-, Mund-, Rachenschleimhaut, Geschmacksknospen, Chemorezeptoren	süß, sauer, salzig, bitter, würzig-fleischig (Umami)	Nahrungsannahme oder -verweigerung, Freude, Wohlbefinden usw.
Tastsinn = Taktiles System	Fell, Haare, Vibrissen, Haut, Krallen	Druck, Schwingungen, Temperatur, Nociception	Bodenoberfläche, Objektidentifizierung, Raumorientierung, Verhaltensäußerungen, Anti- und Sympathie, Freude, Angst
Weitere Basissinne			
6., 7., 8. Sinn ...			
Gleichgewichtssinn = Vestibuläres System	Bogengänge im Gehörorgan, die im Gehirn ein 3-dimensionales Raumbild erzeugen, vornehmlich Kopfbereich	Bewegungen im Raum	Raumgefühl
Tiefensensibilität = Propriozeptives System	Sensoren in den Muskeln, Sehnen, Bändern und Gelenken	mechanische Signale: Stauchungen, Beugungen und Dehnungen	Reaktion auf Druck oder Verformung, vornehmlich innerhalb des Körpers
Pheromonsinn = Jacobson'sches Organ, Vomeronasalorgan (VNO)	Riechzellen	Pheromone	Suche eines Sexualpartners, Individualerkennung, Erkennung von Territorialmarkierungen, Nahrungssuche.
Thermo- und Magnetsinn = Elektromagnetisches System	Sinneszellen noch nicht klar identifiziert	Infrarotstrahlung, elektromagnetische Wellen	Objekterkennung, Umweltorientierung, Situationsbeurteilung

Quelle: Schröder

vorhandenen Umwelt. Dieses Bild wird beurteilt (Vergleich „Kenne ich schon“ – „Ist für mich neu“), auf Plausibilität (Vergleich „Kann sein“ – „Kann nicht sein“) und Nutzen („Wird gespeichert“ – „Wird wieder gelöscht“) geprüft. Dabei werden Erinnerungen aufgerufen und über das limbische System Gefühle hervorgerufen oder neu erzeugt und gespeichert. Die Kommunikation ist auf sensorische Wahrnehmungen angewiesen. So können wir nur dank der Augen „Fotos“ der Umwelt erzeugen, während die Nase eine olfaktorische Landkarte erzeugt. Es gibt also einen engen Zusammenhang zwischen den Sinnen und der Kommunikation (Smith und van Valkenburgh 2021).

Nach modernem Kenntnisstand ist gewiss, dass wir in Zukunft weitere Sinnesqualitäten, die an der Entstehung des Weltbildes beteiligt sind, mit in das Fünf-Sinne-Modell aufnehmen sollten. Wir wissen, dass zum Beispiel Streicheln des Hundes das Kuschel- und Glückshormon Oxytocin ausschütten lässt, oder dass über das Gleichgewichtsorgan ständig Lagedaten des Körpers im dreidimensionalen Raum erzeugt werden. In diesem Buch werden entsprechende Sinne und „Kandidatensinne“ beschrieben und behandelt. Und glauben Sie mir, der Hund steht dabei dem Menschen sicherlich in nichts nach, bei dem schon viel mehr erforscht ist. Nein, ganz im Gegenteil: In Zukunft wird gewiss auch beim Hund von einem Sechs-, Sieben- oder gar Acht-Sinne-Modell zu sprechen sein. Der Hund sozusagen als „Herr der Sinne“!

Wer könnte diesem Blick widerstehen? Kommunikation mit den Augen. *Foto: Tanya Kalian/Shutterstock.com*

Foto: eva_blanco/Shutterstock.com

3 Biologische Grundlagen der Nervenfunktion –

Vom Molekül zum neuronalen Netz

«Es ist absolut möglich, dass jenseits der Wahrnehmung unserer Sinne ungeahnte Welten verborgen sind.»

Albert Einstein,
Physiker

In Kürze: Hund und Mensch sind mit einer Vielzahl unterschiedlicher Nervenzellen (Neurone) ausgestattet, die sich zwar in Struktur und Eigenschaften unterscheiden können, doch alle dieselben grundlegenden Mechanismen verwenden, um Informationen zu verarbeiten und weiterzuleiten. An ihrem sensorischen Ende weist die Nervenzelle einen Bereich auf, der darauf spezialisiert ist, Signale zu empfangen, die dann in einer angeschlossenen Zone verarbeitet und integriert werden können. Der dritte Bereich der Zelle ist dafür zuständig, die integrierten Signale längs des Neurons zur Endzone weiterzuleiten, wo die Signale auf andere Zellen übermittelt werden können, die dann irgendeine Aktion ausführen. Dies geschieht oft sehr schnell und über potenziell weite Strecken, zum Beispiel in der Größenordnung von Metern – denken Sie nur an die Innervation der Beinmuskulatur bei Großtieren wie Giraffen. Die charakteristische Polarität der Neurone (Eingangszone → Zellkörper → Ausgangszone) ist wichtig für eine gerichtete Erregungsleitung: Signale werden vom sensorischen Ende der Zelle zum anderen geleitet und nicht umgekehrt. Die Informationsweiterleitung beginnt im Allgemeinen in der Input-Zone der Nervenzelle durch chemisch oder physikalisch ausgelöste Membranpotenzialänderungen im Millivoltbereich (circa 100-fach geringer als eine 1,5-Volt-Batterie). Diese elektrischen Signale können aufsummiert werden und ab einem bestimmten

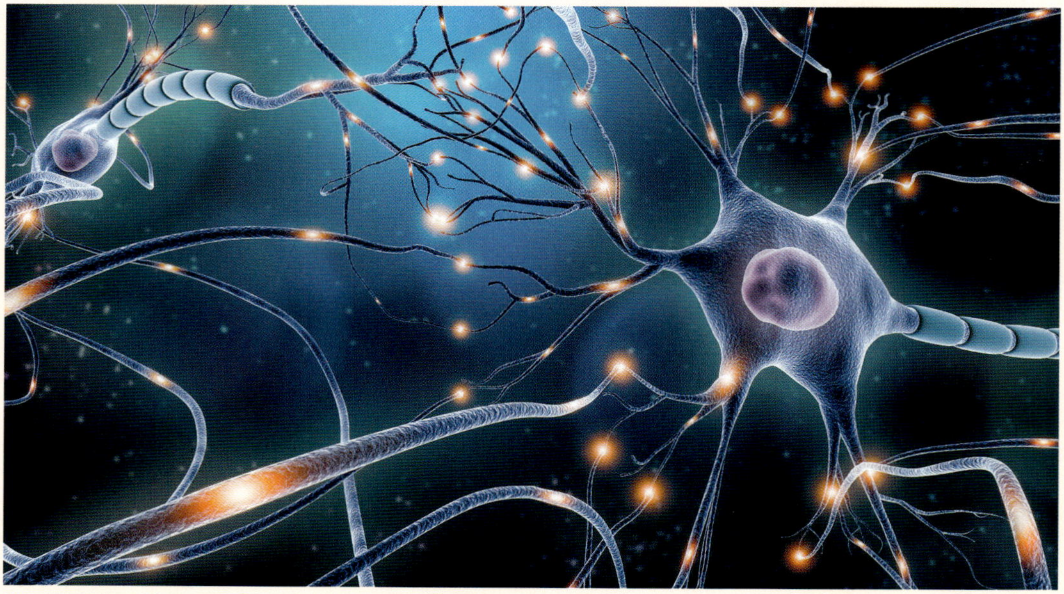

Neuronales Netzwerk mit elektrischer Aktivität der Nervenzellen. *Quelle: MattLphotography/Shutterstock.com*

Foto: Bianca Grueneberg/Shutterstock.com

Schwellenwert ein Aktionspotenzial an der neuronalen Zellmembran auslösen. Ein Aktionspotenzial ist der maximale Nervenimpuls, zu dem ein Neuron fähig ist. Seine Dauer ist sehr kurz und liegt im Millisekundenbereich. Wenn ein Neuron „schläft", weist die Zellmembran ein sogenanntes Ruhepotenzial auf. Wenn man so will, arbeitet die Nervenzelle wie ein Computer mit einem binären Zahlensystem mit den Zuständen Ruhepotenzial („0") oder Aktionspotenzial („1"). Die wichtigste Form der Signalübertragung von Neuronen auf ein anderes Neuron erfolgt in den allermeisten Fällen über Neurotransmitter. Das sind chemische Botenstoffe, die nachgeschaltete Nervenzellen in ihrer Reaktion beeinflussen.

3.1 Synapsen, Neurotransmitter, Rezeptoren und Hormone

Ich möchte noch einmal auf den typischen Aufbau einer Nervenzelle zurückkommen. Vereinfacht gesagt besteht ein Neuron aus dem Zellkörper und mehreren Verästelungen, die mit anderen Nervenzellen in Kontakt stehen und über die Informationen entweder empfangen (Input) oder gesendet (Output) werden. Der sendende Fortsatz heißt Axon (von griechisch „Achse"). Er kann millimeterkurz bis meterlang sein. Die empfangenden Fortsätze nennt man Dendriten (von griechisch „Baum"). Ein Neuron kann mit sehr vielen Fasern anderer Nervenzellen in Austausch treten und damit ein Nervengeflecht bilden.
Sind die ankommenden Signale von anderen Nervenzellen stark genug oder werden viele kleine Signale aufsummiert, wird also ein bestimmter Schwellenwert der Erregung überschritten, „feuert" das Neuron. Ein elektrischer Impuls, das sogenannte Aktionspotenzial, schießt am Axon entlang in Richtung Synapse. (Die Synapse wird gleich erklärt.) Je nach Typ

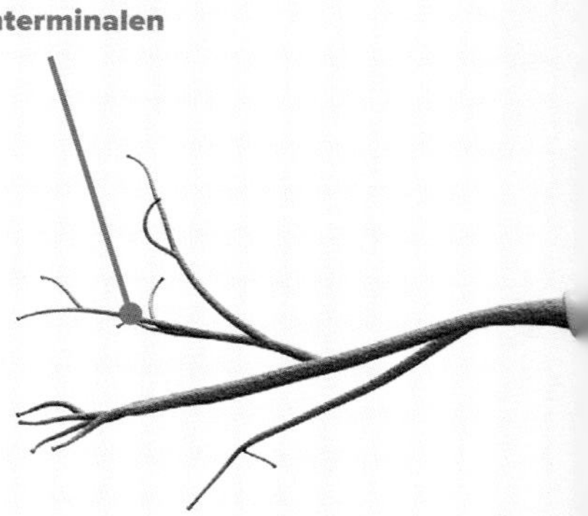

der Nervenzelle geht das langsam oder in schnellen Sprüngen (saltatorische Erregungsleitung) voran. Im Extremfall kann die Erregungsleitung ein Tempo von 100 Metern pro Sekunde erreichen. Auf ein Auto umgerechnet bedeutet das eine Geschwindigkeit von immerhin 360 Stundenkilometern!
Wenn das Aktionspotenzial schließlich das Ende des Axons erreicht, ist es am synaptischen Endknöpfchen angelangt. Dies ist die Kontaktstelle zu einer anderen Nervenzelle. Das Konstrukt dieser Kontaktstelle wird als Synapse bezeichnet. Hier findet sinnbildlich ein Fährverkehr zwischen Senderneuron (primäres Neuron) und Empfängerneuron (sekundäres Neuron) statt, nur dass die „Fähren" chemische Botenstoffe sind, also Neurotransmitter wie zum Beispiel Acetylcholin. Die Menge des am Ableger (präsynaptische Membran) des primären Neurons ausgeschütteten Neurotransmitters hängt von der Anzahl der an-

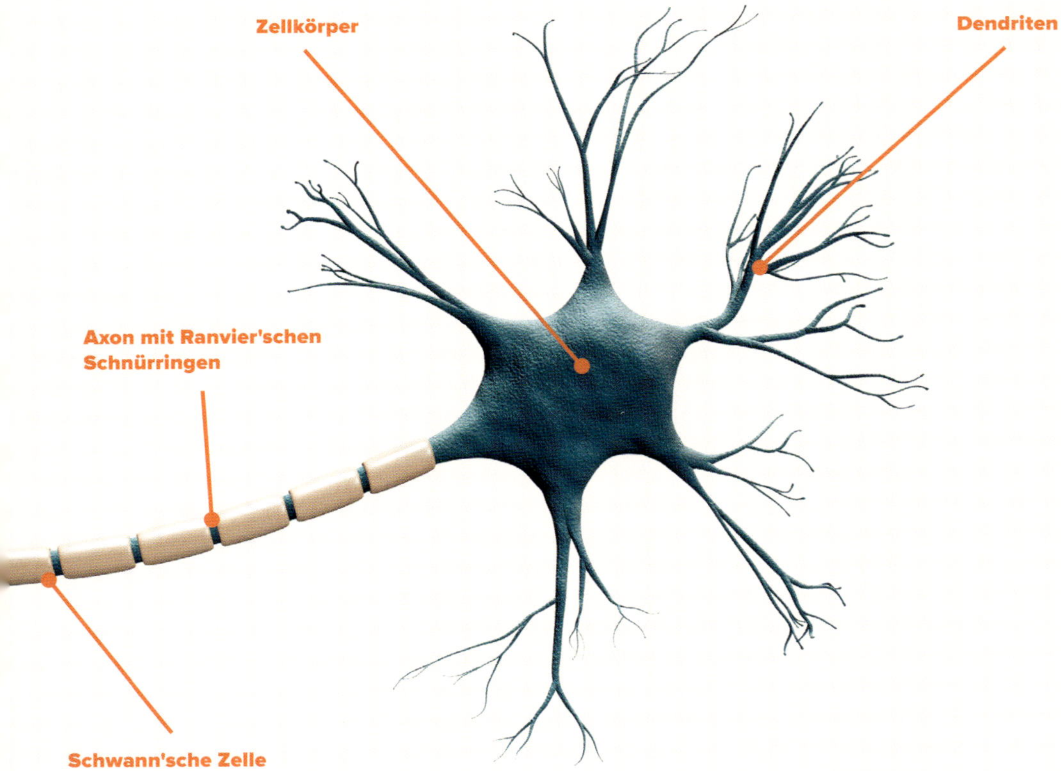

Aufbau einer typischen Nervenzelle mit saltatorischer Erregungsleitung (Ranvier'sche Schnürringe)

Quelle: MattLphotography/Shutterstock.com, modifiziert

kommenden elektrischen Impulse ab. Die Botenstoffe müssen nach ihrer Freisetzung sehr schnell ungefähr 20 bis 50 Nanometer von der einen Zelle zur anderen über diesen synaptischen Spalt zurücklegen, um an den Anleger (postsynaptische Membran) des sekundären Neurons zu gelangen. Das klingt unglaublich wenig, reicht aber schon aus, um bei Fehlern einige Krankheitsbilder zu erzeugen, wenn das Übersetzen der Botenstoffe nicht richtig funktioniert. Normalerweise dauert der Vorgang gerade ein paar wenige Millisekunden. Fazit: Die Synapsen sind die zentralen Schaltstellen der Informationsübertragung im Gehirn und der Peripherie. Eine Nervenzelle kann bis zu 10.000 davon besitzen, im Extremfall sogar mehr als 100.000. Auch Hormone können, wenn sie denn auf einen postsynaptischen Rezeptor passen,

Ein präsynaptisches Neuron (Neuron 1) leitet einen elektrischen Impuls über sein Axon zu seiner präsynaptischen Membran. Dort werden Vesikel mit Transmitter ausgeschüttet, die über den synaptischen Spalt zur postsynaptischen Membran diffundieren. Dort wird rezeptorvermittelt erneut ein elektrischer Impuls induziert, der wieder über ein Axon zu den Endknöpfen der postsynaptischen Zelle geleitet wird. An dieser Stelle wird der Vorgang wiederholt und das Signal kann auf weitere nachgeschaltete Neurone übermittelt werden.

Quelle: Designua/Shutterstock.com, modifiziert

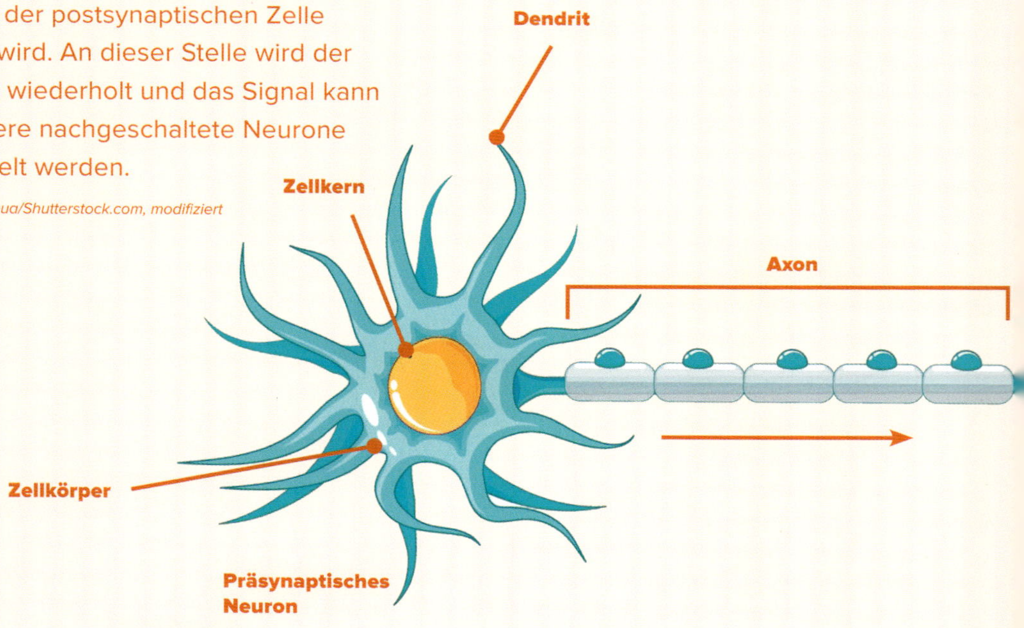

als synaptischer Botenstoff fungieren. Das System der Hormone ist das entwicklungsgeschichtlich ältere Transmittersystem und hat schon funktioniert, als das System Neurotransmitter → Synapse noch im Werden begriffen war.

Etwas genauer: Bei chemischen Synapsen fusionieren nach der Ankunft eines Aktionspotenzials die schon „auf Halde“ liegenden sogenannten synaptischen Vesikel mit der präsynaptischen Membran und schütten Botenstoffe in den Spalt aus. Die Neurotransmitter durchqueren den synaptischen Spalt wie auf einer Rutsche von oben nach unten (physikalisch Diffusion entlang eines Konzentrationsgradienten), der die präsynaptische von der postsynaptischen Zelle trennt. Auf den ersten Blick scheint dieser Vorgang sehr umständlich zu sein.

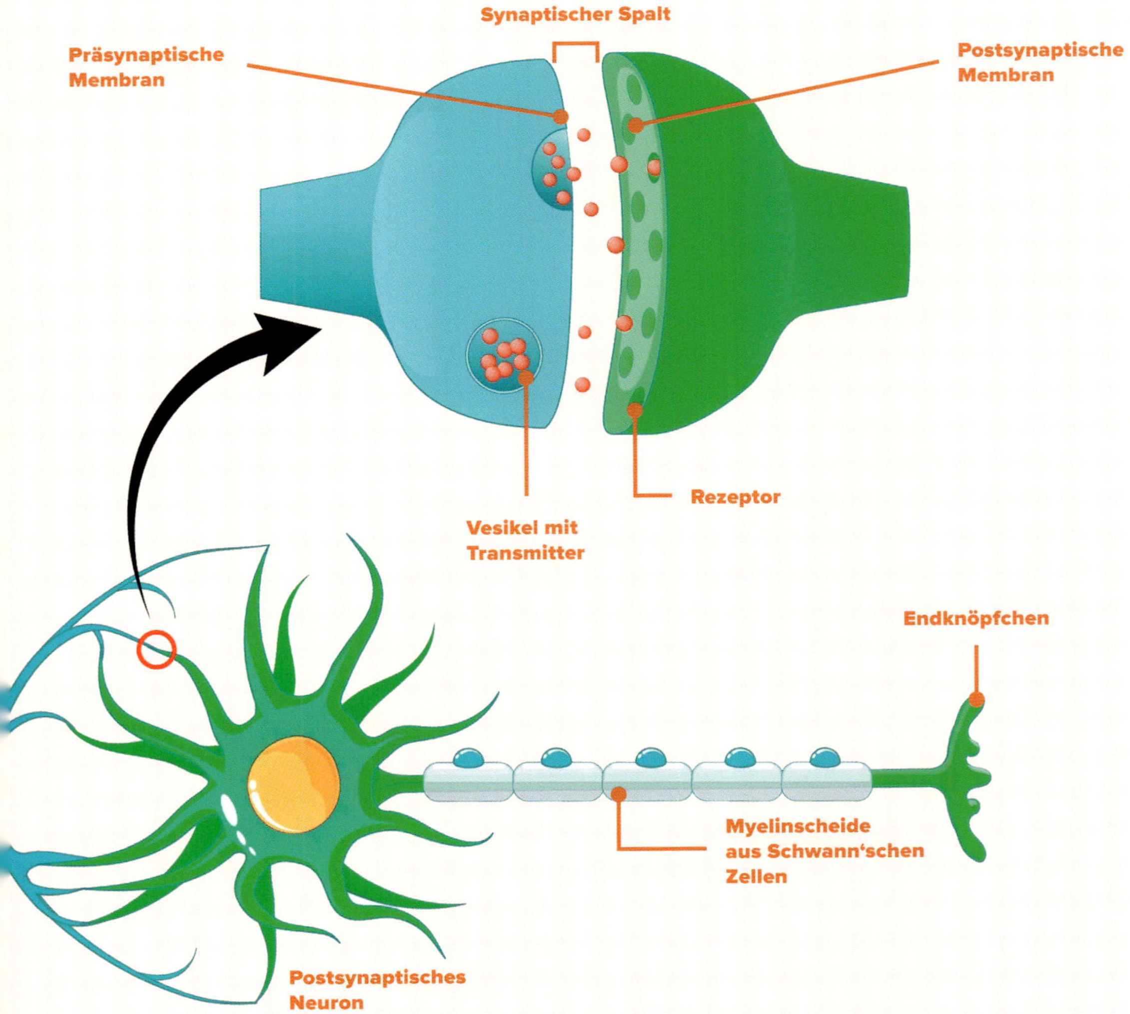

Alle Sinne nach vorne gerichtet.

Foto: Sophie Strodtbeck

Neuro-transmitter

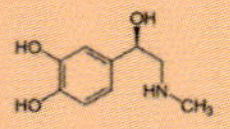

- gehören zum Nervensystem
- einfache chemische Strukturen
- Proteine, Aminosäuren oder Gase
- von präsynaptischen Nervenendigungen in den synaptischen Spalt entlassen
- diffundieren über den synaptischen Spalt
- docken an spezifischen Rezeptoren auf der postsynaptischen Seite an
- induzieren im Millisekunden-Bereich eine Reaktion der „anderen" Seite
- Beispiele sind Acetylcholin, Serotonin, Dopamin, Noradrenalin, Adrenalin, Glutamat, Aspartat, Glycin, Histamin, Stickstoffmonoxid, Kohlenstoffmonoxid

Hormone

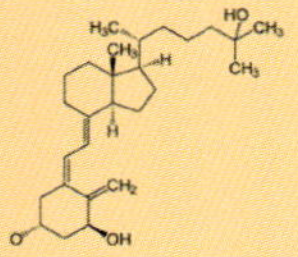

- gehören zum endokrinen System
- aufwendige chemische Strukturen
- Polyamine, Amine, Polypeptide, Steroide, Phenole
- von endokrinen Drüsen gebildet und ins Blut abgegeben
- durch den Blutstrom zum Zielorgan geleitet
- Wirkung weit weg vom Bildungsort
- Wirkung im Minuten- bis Stundenbereich, manchmal Tage
- überwiegend Wirkungen bei Entwicklung, Wachstum, Reproduktion, Stoffwechsel
- können Zielorgane oder Gewebe als „Chef" regulieren
- Beispiele sind Oxytocin, Cortisol, Testosteron, Östrogen, Vitamin D-Hormon, einige pflanzliche Inhaltsstoffe

Manche Neurotransmitter können auch als Hormone wirken.

Zusammenfassung wichtiger Eigenschaften von Neurotransmittern und Hormonen. *Quelle: Schröder*

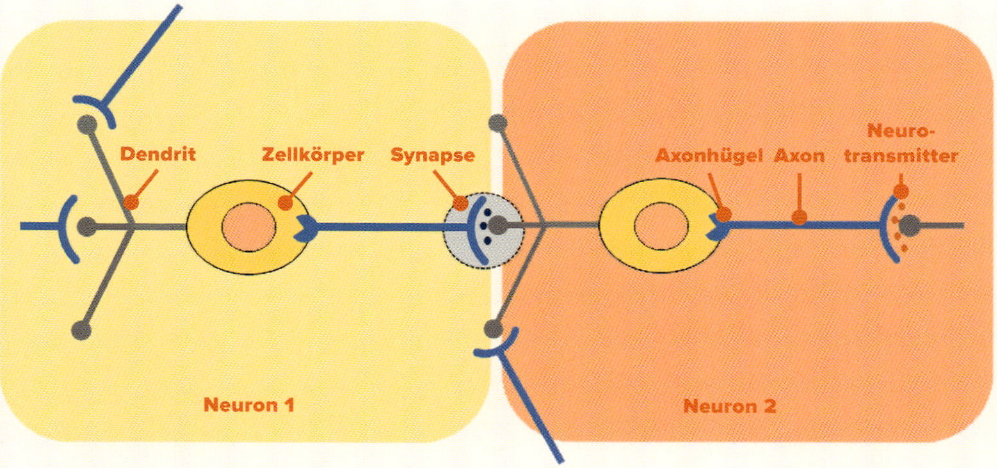

Aufbau einer neuronalen Verknüpfung zwischen zwei Nervenzellen über eine Synapse. Funktionell gesehen handelt es sich um eine elektrisch-chemisch-elektrische Übertragung, die nur in einer Richtung verläuft, nämlich vom Sender (Neuron 1) zum Empfänger (Neuron 2). *Quelle: Schröder*

Wieso laufen die elektrischen Impulse nicht einfach weiter, wozu das Umsatteln auf den chemischen Botenstoff? Antwort: Erstens können die Aktionspotenziale aus elektrischen Gründen nicht unendlich weit laufen, denn sie würden sich irgendwann erschöpfen. Außerdem braucht die Natur eine gerichtete Erregungsleitung (in der Physik als „Gleichrichter" bezeichnet). Es macht keinen Sinn, wenn die Nervenimpulse wahllos auf einem Axon hin und her laufen würden. Sie laufen ja auch nicht auf dem Bürgersteig auf und ab, wenn Sie von A nach B wollen. Zweitens wurde mit dem Instrument der Synapse ein zweiter „Gleichrichter" für den Richtungsverlauf einer Nervenerregung geschaffen. Es geht immer nur von der präsynaptischen Membran (erstes, präsynaptisches Neuron) in Richtung der postsynaptischen Membran (zweites, postsynaptisches Neuron) und nicht umgekehrt. Schlussendlich geht es darum, im „Fährhafen Synapse" die eigentlich monotone Funkfrequenz der ankommenden Aktionspotenziale in ein farbenfreudigeres Spektrum der Zellantworten am gegenüberliegenden Ufer zu wandeln, jedenfalls im Idealfall.

Am postsynaptischen Neuron gibt es kompetente Anlegestellen für die Botenstoffe. Wir nennen sie Rezeptoren. Jeder Rezeptor ist auf einen bestimmten Neurotransmitter spezialisiert wie ein Schloss für seinen passenden Schlüssel. Um ein Schloss herum befinden sich Enzyme, die Neurotransmitter inaktivieren können, sei es wenn zu viele da sind oder eine Wirkung des Schlüssel-Schloss-Prinzips an der Zielzelle einfach beendet werden soll. Die Neurotransmitter erzeugen in der Empfängerzelle das sogenannte postsynaptische Potenzial. Das chemische Signal wird also wieder in ein elektrisches Signal zurückübersetzt. Wir sprechen von einer elektrisch-chemisch-elektrischen Übertragung und das entspricht morphologisch genau dem Aufbau einer chemischen Synapse (präsynaptische Membran – synaptischer Spalt – postsynaptische Membran).

Neues Problem: Wie wird die Feinregulation gesteuert? Bleibt der Reiz unterhalb des Schwellenwerts, feuert die Zelle gar keinen Impuls ab; überschreitet er ihn, entsteht das Aktionspotenzial, dessen Form und Größe aber immer gleich ist, egal wie stark der Schwellenwert überschritten wurde.

Antwort: Die Information über die Stärke eines Reizes ist in der Anzahl der Aktionspotenziale und ihrem zeitlichen Abstand zueinander (der Frequenz) codiert. Dabei ist zwischen neurotransmittergesteuerten erregenden und hemmenden postsynaptischen Potenzialen zu unterscheiden. Im einfachsten Fall lösen ausreichend starke Reize entsprechend besonders viele und dicht aufeinanderfolgende Aktionspotenziale aus.

Neurotransmitter	Chemische Gruppe	Vorkommen/Wirkort	Wirkung
Acetylcholin	Amine	Gehirn: Kognition, Lernen, Antrieb Peripherie: vermittelt Signale zw. Nerven und Muskeln; Reizweiterleitung im Sympathicus und Parasympathicus	v.a. erregend
Adrenalin	Monoamine, Katecholamine	Gehirn: noch nicht genau bekannt, wahrscheinlich auch Blutdruckregulation; Peripherie: „Stresshormon" im Sympathicus	erregend und hemmend, je nach Zelle
Noradrenalin	Monoamine, Katecholamine	Gehirn: Aufmerksamkeit, Motivation, Emotion Peripherie: „Stresshormon" im Sympathicus (Kampf- oder Flucht-System)	erregend und hemmend
Dopamin	Monoamine, Katecholamine	Gehirn: Bewegungssteuerung, „Belohnungssystem", Motivation, Kognition Peripherie: Steuer- und Regelvorgänge (u.a. Durchblutung der Organe)	v.a. erregend
Serotonin	Monoamine	Gehirn: beeinflusst fast alle Hirnfunktionen mit Stimmung, Appetit, Schmerz, Schlaf-Wach-Rhythmus, Sexualverhalten, Temperatur Peripherie: Blutdruckregulation (über Spannung der Gefäßwände)	erregend und hemmend
Gamma-Amino-Buttersäure (GABA)	Aminosäuren	Gehirn: wichtigster hemmender Neurotransmitter, hemmt und reguliert dadurch Aktivität anderer Nervenzellen – „Schleusenwärterfunktion", körpereigenes Beruhigungsmittel	hemmend
Glutamat	Aminosäuren	Gehirn: wichtigster erregender Neurotransmitter; an fast allen Hirnfunktionen beteiligt: Sinneswahrnehmung, Bewegungssteuerung, Lernen, Gedächtnis	erregend
Substanz P	Peptide	Gehirn, Peripherie: erhöht Sensitivität für Schmerz	erregend (z.T. modulierend hemmend)
Endorphine	Peptide	Gehirn, Peripherie: Schmerz-, Hungerlinderung, Euphorie	v.a. hemmend

Hormon	Chemische Gruppe/ Rezeptoren	Vorkommen/Wirkort	Wirkung
Cortisol	Steroide Cortisol-Rezeptor	Nebennierenrinde; Gehirn, Peripherie: auch nicht neuronale Gewebe, katabole (abbauende) Stoffwechselvorgänge, entzündungshemmend, Immunsystem	v.a. erregend
Oxytocin	Peptide O-Rezeptor	Hypothalamus; Geburt, soziale Interaktionen („Kuschelhormon"), Gehirn: „Glückshormon"	v.a. erregend
Schilddrüsen-hormone	Peptide T3/T4-Rezeptoren	Schilddrüse; Energiehaushalt, Gehirn: emotionale Lage	v.a. erregend

Tabelle: Neurotransmitter und Hormone mit Wirkung auf Nervenzellen. Zurzeit sind für den Menschen um die 100 verschiedene Neurotransmitter bekannt. Der Hund weist mindestens ähnlich viele auf. Über die wichtigsten soll hier zuerst ein kurzer Überblick gegeben werden. *Quelle: Schröder*

Die Nervenzelle kann theoretisch bis zu 500-mal pro Sekunde feuern, das heißt 500 Aktionspotenziale über ihr Axon verschicken. Eine derart hohe Frequenz ist allerdings bislang noch in keinem realen Beispiel gemessen worden. In besonderen Fällen können sich Potenziale aber auch gegenseitig abschwächen oder gar auslöschen.

Vorsicht! Wie gerade angedeutet, gibt es nicht nur Neurotransmitter, die zur Weiterführung der elektrischen Impulse auffordern und erregende (exzitatorische) Potenziale verursachen, sondern auch hemmende Botenstoffe, die folgerichtig hemmende (inhibitorische) Potenziale bedingen (Tabelle links). Die arme Nervenzelle kann einem

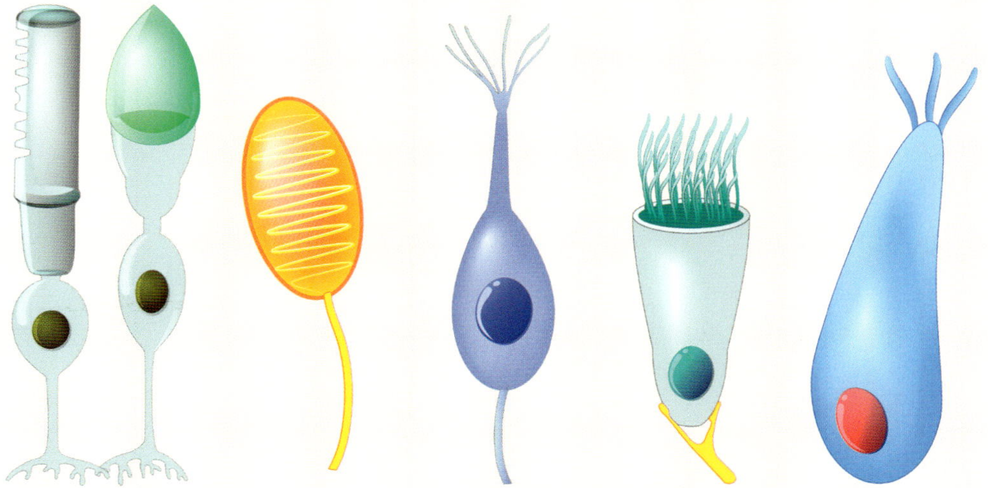

Sinneszellen (Sensoren, Rezeptorzellen): Spezialisierte Neurone, die mit Hilfe bestimmter Rezeptorstrukturen wie Stäbchen (a) und Zapfen (b) der Lichtsinneszellen, Riechhaare der Riechzellen (d) oder Mikrovilli (e, f), von außen kommende chemische, elektrische oder mechanische Reize in nervöse Erregung umwandeln und diese auf nervöse Leitungselemente übertragen. Die ursprünglicheren primären Sinneszellen. leisten zusätzlich zur Reizaufnahme auch selbst die Erregungsleitung zum ZNS über einen eigenen Leitungsfortsatz (Axon), wie z.B. die Sehsinnes- und die Riechzellen. Dagegen sind die sekundären Sinneszellen. reine Rezeptorzellen, von denen die Erregung über basale Synapsen zur Weiterleitung auf nachgeschaltete Nervenzellen übertragen wird; Beispiele sind die Geschmacks- und Hörsinneszellen. Bei der Sinnesnervenzelle (c, nur dendritischer Teil) können Nervenendigungen z.B. in der Haut frei enden oder wie hier von einer Hülle umgeben sein, die sich zur Aufnahme von Druckreizen eignet. *Quelle: Designua/Shutterstock.com, modifiziert*

leidtun, vor allem wenn sie beide Informationen in gleicher Stärke erhält. Stellen Sie sich vor, Sie selbst seien eine Nachrichtenzentrale und ein Informant berichtet Ihnen, dieses oder jenes gesehen zu haben, und von einer dritten oder vierten Person wird gesagt, das sei aber ganz anders gewesen. Welche Nachricht geben Sie dann an andere weiter oder welche Interpretation glauben Sie selber richtig zu treffen? Nervenzellen stehen ständig vor diesem Problem und lösen die Aufgabe in der Regel perfekt. Aber ab und zu machen die Zellen auch einen Fehler und eine Nachricht wird überbewertet oder nicht weitergeleitet. Damit kann und muss das Nervensystem leben, eine 100-prozentige Perfektion gibt es nicht!

Weiterentwicklung der Standardneurone zu Sinneszellen: Die verschiedenen Sinneszellen, die für die unterschiedlichen Empfangsqualitäten Lichtwellen, Schallwellen, Geruchs- und Geschmacksstoffe, Temperatur usw. empfindlich sind, entwickeln sich während der Reifung der befruchteten Eizelle, des Fetus, des Welpen und darüber hinaus aus ganz normalen Nervenzellen. Sie sehen nur etwas anders aus, sind keine Allrounder mehr, sondern nahezu geniale Spezialisten für bestimmte Aufgaben. Zum Teil arbeiten sie als Solisten, zum Teil aber auch als Funktionsgruppen. Dabei unterscheiden wir zunächst zwischen primären und sekundären Sinneszellen. Ihre Funktion ist sehr ähnlich, allerdings sind primäre Sinneszellen embryologisch gesehen Neurone des Zentralnervensystems (ZNS), die neuroektodermalen Ursprungs sind und im Laufe der Entwicklung in die Peripherie verlagert wurden. In der Physiologie werden primäre Sinneszellen durch die Fähigkeit definiert, Rezeptorpotenziale direkt in Aktionspotenziale umzuwandeln. Sie haben ein eigenes Axon, über das sie Aktionspotenziale zum ZNS leiten können. Ein klassisches Beispiel ist die Geruchssinneszelle.

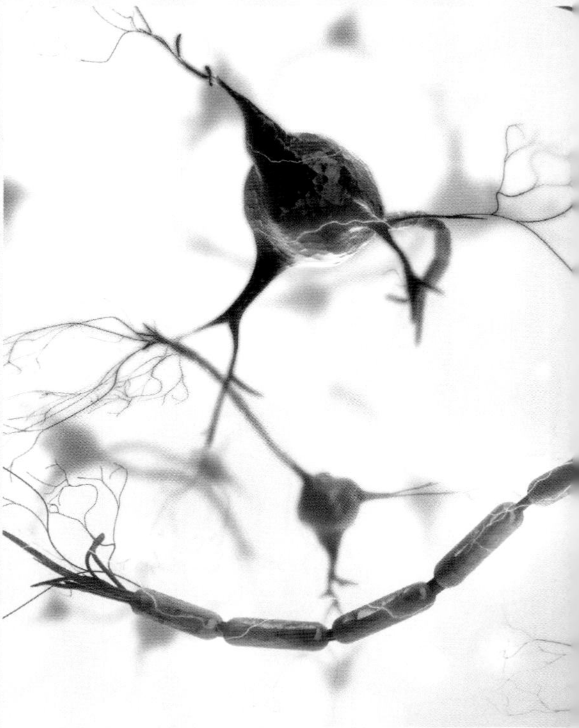

Modell eines Nervengeflechts aus mehreren Neuronen, die über Synapsen in Verbindung stehen. *Quelle: Andrii Muzyka/Shutterstock.com*

Sekundäre Sinneszellen sind aus embryologischer Sicht Zellen, die sich von der Glia der Peripherie oder von den endo- oder ektodermalen Epithelien ableiten. Sie generieren Rezeptorpotenziale, aber keine Aktionspotenziale, haben kein eigenes Axon und stehen mit dem ersten afferenten Neuron über eine Synapse in Verbindung, um dort ein Aktionspotenzial auszulösen. Ein typisches Beispiel für diesen Typus ist die Geschmackssinneszelle. Der dritte Typus im Bunde ist die Sinnesnervenzelle. Ihr Zellkörper liegt nicht in einem Sinnesepithel, sondern am oder im ZNS. Ihre Dendriten sehen oft aus wie eine Baumkrone. Rezeptor- oder Aktionspotenziale werden zum Zellkörper geleitet oder gar an ihm vorbei, um über ein Axon zum Gehirn zu gelangen. Typische Beispiele sind Thermo- und Tastrezeptoren.

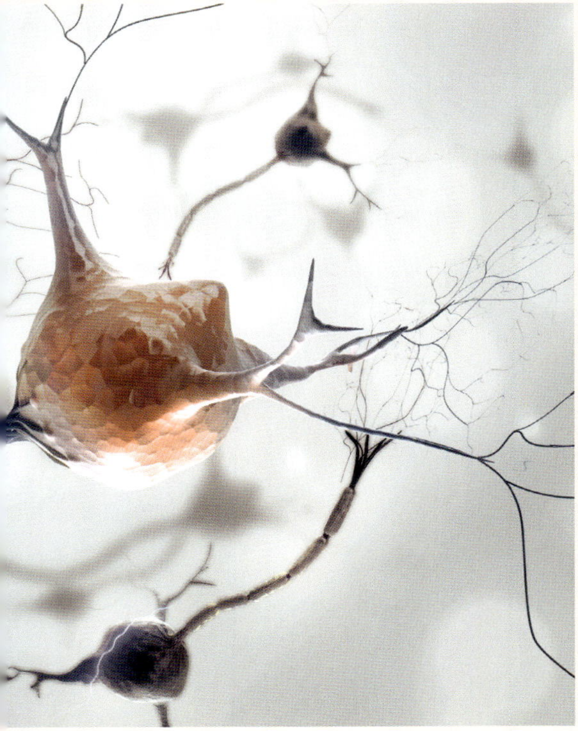

3.2 Neuronales Netz, Gehirnfunktion und Kommunikation

In Kürze: Das neuronale Netz beschreibt Strukturen im Gehirn. Es wurde schon besprochen, dass diese im Wesentlichen aus Neuronen und Gliazellen sowie Zell-Zell-Verbindungen bestehen, also echten morphologischen Kontakten wie den elektrischen Verbindungen der Gap Junctions oder chemischen Synapsen mit ihren Transmittersubstanzen. Dieses so gebildete Flechtgewebe beziehungsweise Nervenorgan ist unentbehrlich für die Verarbeitung von Sinneseindrücken und Informationen und damit Grundvoraussetzung für Kommunikation mit sich selbst („Wie fühle ich mich?") und der Umwelt. (Abb. auf Seite 24 Neuronales Netz)
Die Neurone bilden dabei die Knotenpunkte des Netzes. Neurone nehmen Reize von außerhalb des Netzes oder Reize von anderen Neuronen auf. In diesem Buch geht es darum, genauer zu verstehen, wie diese Reize in eine Sinneswahrnehmung umgewandelt,

gespeichert, katalogisiert und aufbewahrt werden.

Etwas genauer: Wie schon beschrieben, hat ein Neuron üblicherweise mehrere Eingänge (Dendriten) und einen Hauptausgang (Axon). Letzteres kann sich am Ende in mehrere Nebenausgänge verzweigen (Kollateralen), muss es aber nicht. Übersteigt die Stärke der eingehenden Reize, die auf der Zellmembran des Zellkörpers (Soma) gesammelt werden, ein bestimmtes Maß, feuert das Neuron vom Axonhügel auf dem Soma los. Das heißt es gibt den Reiz in Form von elektrischen Erregungen über Synapsen an andere Neurone weiter, die ihrerseits genauso weiterarbeiten.
Die Übertragung kann dabei durch elektrische Impulse an Zell-Zell-Kontakte (Gap Junctions, älteres Evolutionsprinzip) erfolgen oder als chemische Reaktion mittels Neurotransmitter in einer Synapse (jüngeres Evolutionsprinzip). So werden Reize und Informationen im Gehirn übermittelt und verarbeitet. Das ist für die Verarbeitung von Sinneswahrnehmungen genauso wichtig wie für Lernprozesse. Das Netzwerk ist dabei nicht etwa irgendwann einmal fertig. Es unterliegt ganz vielen dynamischen Prozessen: Neue Netzverbindungen werden eröffnet und alte, nicht mehr benötigte abgebaut usw. Wir haben erst wenige dieser Prozesse vollständig in ihrer Komplexität verstanden.

Übrigens können insbesondere Nervenzellen im Bereich des sogenannten Hippocampus bis weit in das Seniorenalter hinein erneuert werden. Die meisten Neurone haben dieses Privileg leider nicht, sodass mit der Alterung auch die Anzahl funktionierender Nervenzellen schrumpft. Der Hippocampus ist die Schaltzelle zwischen dem Kurz- und dem Langzeitgedächtnis. Über diese Schaltstelle werden die Inhalte aus dem Kurzzeitgedächtnis – je nach Bedeutung – in das Langzeitgedächtnis übernommen, wo sie gespeichert und bei Bedarf wieder abgerufen werden können. Man glaubt, dass sich dies bei Hund und Mensch nicht prinzipiell unterscheidet.
Der Hippocampus dient als zentraler Teil des limbischen Systems der Steuerung der Affekte. Hier sitzt das Zentrum der emotionalen Äußerungen wie Wut, Angst und Freude. Auch das Sexualverhalten und viele vegetative Funktionen (Regulation lebenswichtiger Organfunktionen) werden im limbischen System gesteuert. Durch Verbindungen mit anderen Hirnregionen können der Hippocampus und der Mandelkern (Amygdala, ebenfalls Teil des limbischen Systems) Signale emotional bewerten. Auch darin unterscheidet sich der Hund offensichtlich nicht vom Menschen.
Da Riechhirn und Hippocampus in enger Nachbarschaft liegen, werden auch Düfte und Gerüche, die mit Erinnerungen verknüpft und abgespeichert sind, positiv oder negativ bewertet.

«Je mehr Sinne, desto höher der Lernerfolg.»

Konfuzius, Philosoph

Foto: Diablo Gato/Shutterstock.com

3.3 Von Neuronen und Sinneszellen

Circa 22 Milliarden Neurone wollen oder müssen bei einem 20 Kilogramm schweren Hund ständig miteinander kommunizieren, damit der Körper fühlen, handeln, denken und Informationen speichern kann (Jardim-Messeder et al. 2017). Innerhalb von Millisekunden finden an Tausenden Zellen komplexe chemische und elektrische Aktionen statt – für eine oder gleichzeitig mehre Handlungen. Die Neurone werden bei ihrer Arbeit von den sogenannten Gliazellen unterstützt, die als Stütz-, Versorgungs- und Entsorgungszellen dienen. Bei einem Axon heißen sie Schwann-Zellen. Sie werden im weitesten Sinn auch zu den Nervenzellen gezählt, haben aber keine elektrischen Eigenschaften, die Erregungsleitung ermöglichen würden. Eine Gruppe von ihnen arbeitet sogar als Immunzellen im Gehirn. Ihre „Bevölkerung" beträgt ungefähr 50 Milliarden im Körper, also das Zwei- bis Dreifache der gesamten Population der Neurone selbst. Das allein zeigt schon ihre Wichtigkeit für die Funktion der Nervenzellen. Ohne Gliazellen geht es einfach nicht! Neurone und Gliazellen sind quasi wie zwei Typen von Lego-Bausteinen, die gemeinsam das zentrale Nervensystem (ZNS) plus Rückenmark bilden.

Übrigens berichtet die oben genannte Studie, dass Waschbären genauso viele Neurone wie Hunde besitzen, Katzen dagegen nur etwa die Hälfte. Ein Schelm, der voreilige Schlüsse daraus ziehen möge, siehe die häufige Diskussion zum Thema „Sind Hunde klüger als Katzen?". Ich denke, jede Säugetierart hat ihre speziellen Anpassungen an die für sie gedachte Umwelt, das ist ein generelles Evolutionsprinzip. Eine Olympia-Hochspringerin wird gegen eine herausragende 400-Meter-Läuferin ebenso den Kürzeren ziehen wie umgekehrt die Läuferin gegenüber der Springerin. Beide sind auf ihre Art sportlich außergewöhnlich. Wenn Ihr Hund in Erwartung des Futters freudige Körperspannung entwickelt, mit der Rute wedelt und womöglich anfängt zu speicheln, sind hierbei notwendigerweise verschiedenste Neuronentypen des Sinnessystems beteiligt. Das ZNS aktiviert mithilfe von Nervenzellen, die auf motorische Funktionen spezialisiert sind (Motoneurone) bestimmte Gruppen der Skelettmuskulatur, der Nacken- und der Kaumuskulatur, sodass das Futter aufgenommen werden kann. Hierbei laufen die Befehle an die Muskelzellen als elektrische Impulse über Nervenfasern, die vom ZNS und Rückenmark in Richtung Körperperipherie ziehen (efferente Erregungsleitung) dorthin, wo die meisten Muskeln sitzen. Gleichzeitig liefern sensorische Neurone permanent Informationen ans Gehirn, etwa über die Umgebungssituation, die Position des Kopfes, des Kaudrucks, die Futterbeschaffenheit, Aussehen, Geruch und

Geschmack, Magenfüllung sowie vieles mehr über sogenannte afferente Nervenfasern zum Gehirn, und zwar jede Faser in das für sie zuständige Gehirnareal, zum Beispiel Sehzentrum, Riechzentrum, Hungerzentrum. Alle spezialisierten Gebiete stehen untereinander in engem Kontakt. Die Informationen werden in wahnsinniger Geschwindigkeit aufsummiert und ausgewertet, sodass der weitere Verlauf des Fressvorgangs – wieder über die Motoneurone – eventuell auch nachgesteuert werden kann oder es zum Beispiel zum Stopp der Nahrungsaufnahme kommt. Biologisch gesehen handelt es sich um einen typischen Regelkreis mit Zielvorgaben, Zustandsbeschreibungen, Möglichkeiten der Nachrichtenübermittlung sowie Werkzeugen, um Feineinstellungen vorzunehmen. Der Gesamtvorgang klingt also zunächst ziemlich simpel, ist aber in Wahrheit sehr komplex und beteiligt gleichzeitig Millionen von Nervenzellen mit all ihren Verknüpfungen untereinander.

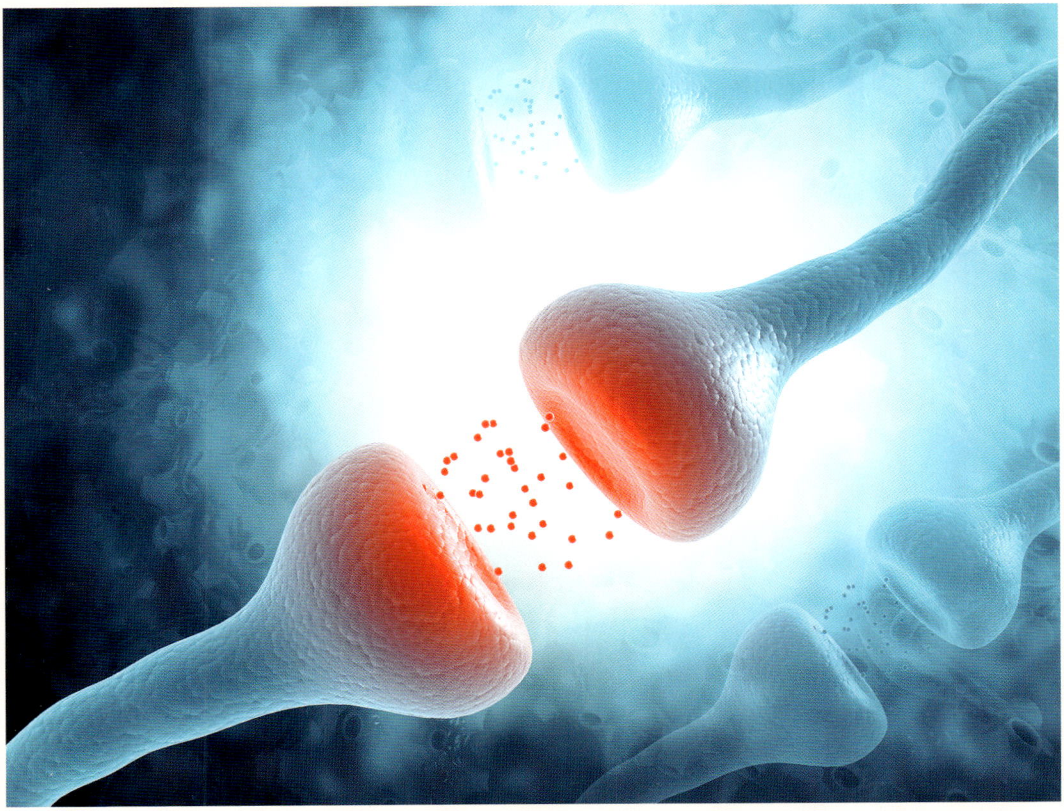

Nervenzellen kommunizieren über Neurotransmitter. *Foto: Explode/Shutterstock.com*

«Aller Anfang ist schwer.»

Johann Wolfgang von Goethe,
Dichter und Naturforscher

4 Was schon Welpen können

Foto: New Africa/Shutterstock.com

Die *neonatale Phase* (auch *vegetative Phase*, siehe unten) der Welpen beginnt mit der Geburt und dauert etwa vierzehn Tage. Die Welpen kommen blind, taub und zahnlos zur Welt. Die wichtigste Regelgröße in diesem ersten Lebensabschnitt ist der Energiehaushalt, der Energie für das Wachstum und den Wärmehaushalt bereitstellt. Die Welpen schlafen sehr viel oder suchen die Nähe der Mutter und von Wurfgeschwistern mit dem Ziel der Futteraufnahme und um sich zu wärmen. Auf der Suche danach zeigen sie Suchpendeln, Kreiskriechen, Fellbohren und Abstemmen. Das dient dazu, sich nicht zu weit vom Nest zu entfernen, die Zitzen der Mutter zu finden und nicht zuletzt Kommunikation und soziale Kontakte zu pflegen. In dieser Zeit findet schon ein erstes Lernen statt.

Ab der dritten Lebenswoche, wenn die *Übergangsphase* beginnt, öffnen sich die Augen sowie die Gehörgänge und die Milchzähne brechen durch. Die Zunahme der Sinneseindrücke geht mit der Entwicklung der kognitiven Fähigkeiten einher: Die Welpen beginnen, auf die Geschwister, Menschen und die Umwelt zu reagieren. Die Aktivität nimmt zu, auch wenn sie noch immer sehr viel schlafen. Das ist aber wichtig für die

Stillende Jack-Russel-Hundemutter mit zufriedenen Welpen. Foto: namaki/Shutterstock.com

Jack-Russel-Welpe

Foto: namaki/Shutterstock.com

Gehirnentwicklung und weiterhin für das Körperwachstum. Wenn alles normal verlaufen ist, kann der Welpe nun beruhigt in seine wichtigste Entwicklungsphase einsteigen, die *Sozialisationsphase*. Je nach Rasse kann diese von der vierten bis zur sechzehnten Woche andauern.

4.1 Erste Sinneseindrücke, Entwicklung der Sinnesleistungen nach der Geburt

In Kürze: Die Trächtigkeitsdauer der Hündin beträgt ähnlich wie bei der Katze um die 60 Tage, genauer im Durchschnitt 63 Tage. Da der Tag der Bedeckung durch den Rüden nicht zwangsläufig mit dem Tag der Befruchtung der Eizellen zusammenfällt, kann die Trächtigkeitsdauer aber in einem größeren Bereich auch 58 bis 72 Tage betragen.

Der Welpe ist von Geburt an mit einem funktionierenden Tast- und Wärmesinn ausgestattet, was nicht bedeutet, dass sich diese Sinne im Verlaufe der Entwicklung nicht auch noch weiter „schärfen" können. Beide Fähigkeiten haben den biologischen Sinn des Nahrungsfindens und der Aufrechterhaltung einer für Säugetiere angemessenen Körpertemperatur. Die Nähe der Mutter mit ihren

Border-Collie-Welpen

Foto: Kseniya Resphoto/Shutterstock.com

Prä- und postnatale Entwicklung der Sinnesorgane		
Sinn	**Beginn der Wahrnehmung**	**max. Funktionsfähigkeit**
Sehsinn	mit ca. 2 Wochen, erste Hell-Dunkel-Wahrnehmungen trotz geschlossener Augen	nach ca. 3 Monaten, wenn die Netzhaut ihre volle Größe erreicht hat und Stäbchen und Zapfen ausgereift sind
Hörsinn	über das Hörorgan nach 2–3 Wochen; unklar ist, ob über Knochenleitung oder Vibrationen ein Hörvorgang schon im Mutterleib erfolgen kann ➜ siehe Tastsinn	nach ca. 3 Monaten; über die Entwicklung des Hörsinns beim Hund gibt es noch etliches zu erforschen, z.B. wann beginnt die Fähigkeit zum Stereo- oder Richtungshören?
Geruchssinn Riechschleimhaut + Vomeronasalorgan (VNO)	einige Duftstoffe wie Oxytocin werden schon kurz nach der Geburt wahrgenommen; VNO: im Uterus und zur Geburt schon in Funktion, Rolle nicht ganz klar	Dasjenige Sinnesorgan mit der stärksten nachgeburtlichen Entwicklung (4–5 Monat lang) und sogar bis ins Alter hinein; VNO: mindestens zum Zeitpunkt der Geschlechtsreife
Geschmackssinn	wahrscheinlich schon im Uterus	Stunden bis wenige Tage nach der Geburt
Tastsinn	im Uterus über sensorische Neurone z.B. der Haut (Berührung, Druck, Vibrationen)	wenige Tage nach der Geburt außer bei den Tastrezeptoren in den Pfotenballen, die etwas langsamer in ihrer Entwicklung sind
Gleichgewichtssinn	im Uterus, Erkennen der Lage im Raum	wenige Tage nach der Geburt, parallel zur Entwicklung der Motorik
Tiefensensibilität z.B. Temperatur- und Schmerzsinn	im Uterus	Stunden bis Tage nach der Geburt

Zitzen erfüllt diese Lebensanforderungen perfekt. Die Welpen haben während dieser Anfangszeit nur wenige ausgewogene motorischen Fähigkeiten, sodass sie sich noch nicht weit von der Mutter entfernen können und im besten Fall auch nicht groß verloren gehen. Teile des Geruchs- und Geschmackssinns sind ebenfalls sofort nach der Geburt aktiv (wenn nicht schon im Mutterleib). Diese Fähigkeiten sind ebenso notwendig zur Unterstützung von Nahrungsfindung und -aufnahme als auch zum Aufbau der Mutter-Kind-Beziehung. Die ersten zwei Lebenswochen des Welpen werden in der Verhaltensbiologie als vegetative Phase bezeichnet. Die Welpen suchen den körperlichen Kontakt zum Muttertier und den Wurfgeschwistern (Kontaktliegen), die Sozialisierung beginnt genau am Anfang dieser Phase. Die Welpen prägen sich zum Beispiel das Geruchsbild der mütterlichen Zitze und des Fells ein. Ein ähnliches Prinzip findet man übrigens auch bei vielen anderen Säugetieren. In dieser Zeit sind die Ohren und Augen bei den Welpen noch geschlossen, sodass dem Gehirn die Zeit für ein „Hochfahren“ der Kognitionsfähigkeiten gegeben wird. Der Hundenachwuchs verbringt diese Zeit vorwiegend mit Schlafen und Saugen. Schlafen dient der Gehirnentwicklung und Saugen der Milch letztendlich dem Wachstum.

Etwas genauer: In der dritten bis vierten Lebenswoche befinden sich die Hundewelpen in einer entscheidenden Umbruchphase. Diese Zeit ist für die Welpen sehr wichtig: Es ist die Übergangsphase (auch Transitionsphase) vom Kontaktliegen zur Exploration der näheren Umwelt und zur Aufnahme von intensiveren Kontakten mit den Geschwistern, vielleicht anderen Lebewesen und beim Hund natürlich dem Menschen. Das schon über das bisherige Leben gelegte Fundament für Kommunikation und Verhalten, zusammengesetzt aus genetischer Veranlagung, epigenetischen Einflüssen, Reifung im Uterus, Geburt und den ersten zwei postnatalen Lebenswochen, beginnt in diesem Lebensabschnitt kontinuierlich weiter zu wachsen. Also nehmen Sie sich für die dritte Lebenswoche nichts Besonderes vor, denn Sie als Mensch, in welcher Rolle auch immer, sind mindestens jetzt in die immer dynamischer verlaufende Sozialisierung des Hundes eingebunden. Konrad Lorenz hat es einmal als „Prägung" bezeichnet. Die Welpen können nun sehen und hören und zeigen auch das erste Schwanzwedeln. Der Gleichgewichtssinn, also die Selbstreflexion der Lage im dreidimensionalen Raum und die Tiefensensibilität (Temperatur- und Schmerzsinn) sind in dieser Lebensphase längst schon erprobte Mechanismen.
Die Welpen nehmen ihre Umwelt bewusster wahr als noch beim Kontaktliegen. Sie beginnen sich und die Wurfgeschwister aktiv zu putzen und versuchen Ohren, Nase und Pfoten von ihnen zu schnappen und zu erfühlen. Auch das Futter der Mutter gewinnt ihr Interesse und wird eingehend mit den wachsenden Sinnen untersucht und gegebenenfalls aufgenommen. So fängt die Umstellung von reiner Milchernährung auf das Erwachsenenfutter an. Die Welpen beginnen nun auch aktiv Kontakt zum Menschen zu suchen. Sie fangen an Geräusche zu verstehen, Gesichter und Sprache als Sinnesreize zu erkennen und im Gedächtnis zu speichern.
Eine ganze Menge bezüglich der Entwicklung der Sinnesorgane beim Welpen können wir aus einer Studie von Kathryn Lord aus den USA lernen (Lord 2013). Diese Autorin hat die Entwicklung der Sinnesorgane von Wolfswelpen mit denen des Haushundes im selben Alter nach der Geburt verglichen. Natürlich geht das nur an einer begrenzten Anzahl von Tieren. In der Wolfsgruppe wurden elf Tiere untersucht, in der Hundegruppe waren es 43 Individuen (Schäferhunde und Border Collies). Natürlich kann man aufgrund der relativ geringen Anzahl an Tieren keine statistisch signifikant gesicherten Schlussfolgerungen ziehen, aber immerhin stammten die Tiere zum Teil aus unterschiedlichen Würfen, sodass

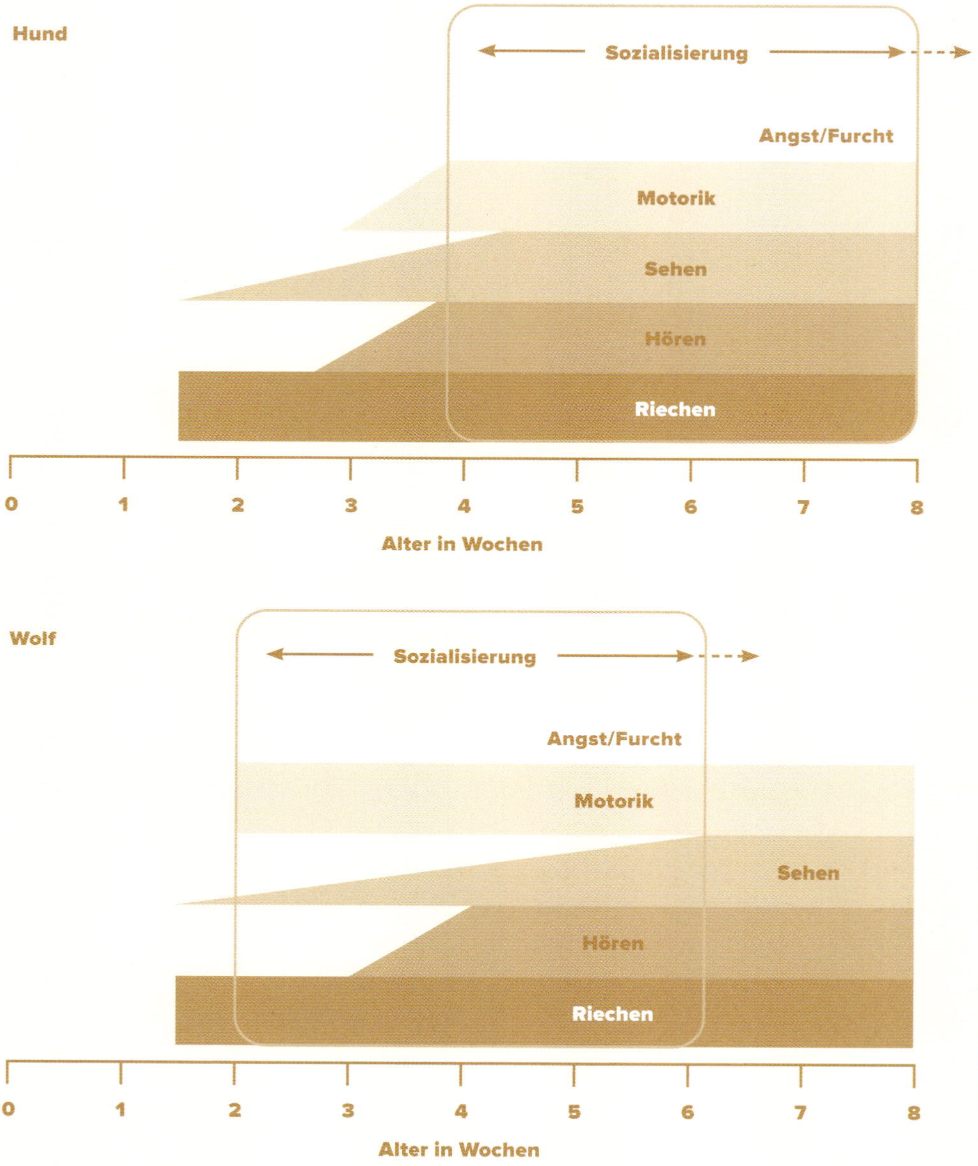

Quelle: (09.03.2022) modifiziert nach Lord (2013)

Verlauf der frühen Entwicklung verschiedener Sinnesorgane bei Hunden und Wölfen. Der Anfang eines Balkens repräsentiert das erste Auftreten der Sinnesfähigkeit. Der vollständig ausgebildete Balken steht für volle Ausbildung der entsprechenden Fähigkeit. Der rote Rahmen symbolisiert die anfängliche Sozialisierungsphase, die über vier Wochen im Vergleich zur Entwicklung der Sinne beobachtet wurde. Die Sozialisierung ist damit noch nicht abgeschlossen, sondern verläuft noch einige Wochen weiter (gestrichelter Pfeil).

sich wenigstens interessante Tendenzen ergaben, die weiter zu untersuchen durchaus lohnenswert erscheinen. Es scheint, dass der wichtigste Unterschied in der frühen Entwicklung von Wolf und Haushund die beim Wolf sehr viel früher ablaufende Ausbildung der motorischen Fähigkeiten ist, das heißt der Nachwuchs wird schneller mobil. Mit der motorischen Entwicklung einher geht die Entwicklung des Angst-/Furcht-Komplexes, was für die anstehende Auseinandersetzung mit der Umwelt sicherlich nützlich ist. Allerdings müssen sich Wolfswelpen anfänglich überwiegend olfaktorisch orientieren, da Hör- und Sehsinn zuerst nur marginal funktionieren.
Offenbar hat es die lange Domestizierung des Hundes in enger Nachbarschaft zum Menschen den Hundewelpen „erlaubt", motorische Fähigkeiten sowie Explorationsvorsicht erst etwa zwei Wochen später zu entwickeln. Ein biologischer Vorteil könnte darin liegen, dass das Gehirn – wie auch das Hören und Sehen – beim Hund dann entsprechend mehr Zeit hat, sich zu entwickeln, um zu Beginn der Sozialisierungsphase besser an den Start gehen zu können.

4.2 Tasthaare (Vibrissen)

In Kürze: Der Hund gehört zu den Lebewesen, die Tasthaare im vorderen Schnauzenbereich im Bereich lateral zum Nasenspiegel (*Rhinarium*, Nasenschwamm) aufweisen und das ist auch schon beim Welpen der Fall. Diese Tasthaare werden als Vibrissen oder Sinushaare bezeichnet. Sie sind lang, relativ stabil und mitunter weitflächig im Bereich der linken und rechten Schnauzenseite in mehreren Parallelreihen horizontal angeordnet. Sie unter-

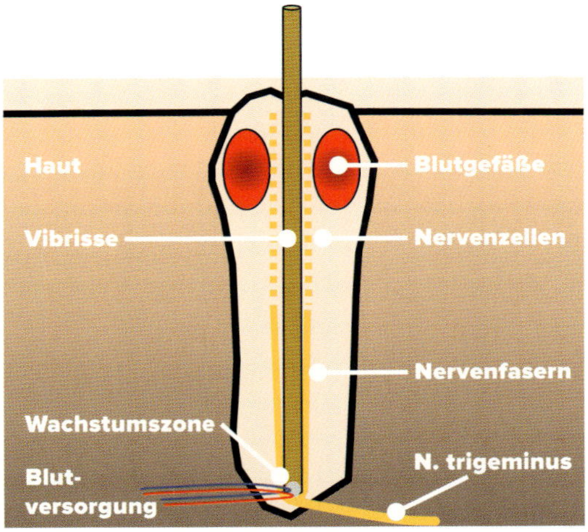

Schematisierter Aufbau des Vibrissenfollikels. Die Strukturen des Follikels verankern die Vibrisse in der Haut. Die Vibrisse wächst aus der Wachstumszone („Vibrissenzwiebel") hervor. Die Signale der Nervenzellen (Mechanorezeptoren), die entstehen, wenn die Vibrisse sich biegt, werden gesammelt und über teile des Nervus trigeminus in korrespondierende Areale des Gehirns geleitet. Die Ausgangsposition der Vibrissen kann über Muskelzellen reguliert werden. Aus Gründen der Übersichtlichkeit wurde dieser Aspekt in diesem Schema weg gelassen. *Quelle: Schröder*

scheiden sich deutlich von den Fellhaaren und sind bis zu dreimal tiefer in der Haut verankert und dabei doppelt so dick. Sie reagieren wunderbar auf Berührungen und Vibrationen. Im Wort „Vibrisse" steckt ja schon der lateinische Wortstamm *vibrio*, was so viel wie Vibration oder Schwingung bedeutet. Dem Tasthaar wird, wie der Name schon vermuten lässt, eine Bedeutung als Tastorgan zugesprochen, vor allem für eine Überprüfung des Bereichs im toten Winkel unter beziehungsweise neben der Schnauze/Nase. Das Tasthaar selber ist dabei nicht der eigentliche Sensor, sondern nur ein Werkzeug, das die Schwingungen in die Tiefe der Haut zu Nervenendigungen von speziellen Sinneszellen leitet, die im Basisbereich des Haarfollikels parallel zu den Blutgefäßen münden. Etwas Kapillarflüssigkeit aus den Blutkapillaren umgibt den Schaft der Vibrisse und kann durch Druckänderungen bei Bewegung die Vibration an die sensorischen Fasern mit ihren Mechanorezeptoren übermitteln.

Etwas genauer: Von den Nervenendigungen sensorischer Zellen werden die Tasthaarsignale ohne großen Umweg in die *barrel zone* im Kortex geleitet. *Barrels* (englisch „Fässer") sind elektronenmikroskopisch erkennbare fassförmige Ansammlungen von Nervenzellen im sensomotorischen Bereich des Gehirns. Ihr topografisches Verteilungsmuster stimmt frappierend mit dem der Vibrissen im Oberlippenbereich des Hundes überein. Jede Vibrisse ist einem Fass zugeordnet und benachbarte Vibrissen sind in benachbarten Fässern repräsentiert (Ibarra-Castaneda et al. 2022). Die Gesamtfläche im Kortex ist im Vergleich zum Ausmaß, welches andere Sinnesorgane im Gehirn einnehmen, erstaunlich groß. Das spricht für eine gewisse oder sogar große Bedeutung dieser Sinneswahrnehmung auch beim Hund. Für die Katze und Kleinsäuger gilt diese Annahme jetzt schon als belastbare Hypothese, von der Rolle bei Meeressäugern ganz zu schweigen. Für den Hund wird diskutiert: Schutzfunktion für Augen und Gesicht, Hilfe bei der Ortung von Geruchsstoffen, Funktion beim Beutefang, Einschätzung des Abstands zum Boden, zum Beispiel in der Dunkelheit, und Teil der inner-

Vibrissen – Tasthaare. Die Vibrissen sind in Reihen angeordnet.

Quelle: Alexey Belyaev/Shutterstock (links); igillustrator/Shutterstock.com (rechts)

artlichen Kommunikation.
Die Kenntnis über diese wichtigen Funktionen der Vibrissen für die Sinneswahrnehmung des Hundes weist deutlich auf die tierschutzrechtliche Problematik des Kürzens von Tasthaaren hin (nebenbei gesagt tut das Kürzen dem Tier genauso wenig weh wie bei uns der Friseurbesuch), aber das soll nicht Thema dieses Buches sein. Ich weise diesbezüglich auf die aktuelle Stellungnahme des Deutschen Tierschutzbundes hin: (https://www.tierschutzbund.de/fileadmin/user_upload/Downloads/Positionspapiere/Heimtiere/Tasthaare_kuerzen_bei_Haustieren.pdf).

4.3 Fein-Sinn? Jacobsonsches Organ – Vomeronasalorgan

In Kürze: Der Hund besitzt wie viele Säugetiere (nicht aber der Mensch) hinter den Schneidezähnen im Gaumen den Eingang für ein winziges Organ, das als „Jacobsonsches Organ" (Vomeronasalorgan, VNO, manchmal auch Nasenbogenorgan) bezeichnet wird (Buzek et al. 2022). Auch Welpen verfügen schon darüber. Über eine sehr kleine Öffnung sind dort Gaumen und Nase miteinander verbunden, davon zweigt es mit zwei Bogengängen (links und rechts) ab. So kann ein Hund über die Zunge Stoffe aufnehmen und diese zu den lokalen Riechzellen transportieren. Auf diese Weise wandelt er quasi Geschmack von gelösten Stoffen in „Geruch" um. Oder andersherum, ein Hund kann Geruch schmecken.
Daneben unterstützt das Jacobsonsche Organ den Geruchssinn, indem es vor allem körpereigene oder körpergeruchsähnliche Duftstoffe (Pheromone) wahrnimmt. Da sich der Körpergeruch bei einem Stimmungswechsel verändert, können die Vierbeiner so die Gemütsverfassung eines Artgenossen (und seines Menschen!) erschnuppern. So sondert ein aggressiver Hund andere Pheromone ab als ein Hund, der zum Beispiel paarungsbereit oder ängstlich ist.

Etwas genauer: Das Jacobsonsche Organ hat im Tierreich eine wichtige Funktion, etwa bei der Suche eines Sexualpartners, der Individualerkennung, der Erkennung von Territorialmarkierungen, gelegentlich auch bei der Nahrungssuche.
Das VNO besteht morphologisch aus winzigen Einbuchtungen (Durchmesser zwischen 0,2 und 2 Millimetern) auf beiden Seiten der Nasenscheidewand unterhalb der unteren Nasenmuschel. Es handelt sich um quasi schlauchartige Strukturen, die von einem Venengeflecht und Muskelzellen umgeben sind, mit deren Unterstützung Flüssigkeit in die Schläuche gesaugt beziehungsweise wieder herausgedrückt werden kann. Dieser Vorgang „säubert" die Sinneszellen sehr schnell, um für neue Wahrnehmungen bereit zu sein. Denken Sie an

das „Flehmen“ von Pferden und Eseln und das „Feinschmecker-Schmatzen“ des Hundes bei der Geruchsaufnahme. Auch aufgeleckter Urin kann per Zunge in das VNO transportiert werden.
Die dazugehörigen Nervenfasern der VNO-Sensoren haben sich schon vor langer Zeit in ihrem Weg zum Gehirn den Geruchsnerven eng angeschlossen. Es scheint sich um eine sehr alte Fähigkeit zu handeln, die schon immer dem Einanderfinden der Geschlechtspartner und der Fortpflanzung diente und noch immer auf diese Weise funktioniert.
Beim Menschen entsteht das Organ zwar auch im fetalen Stadium, bildet sich aber noch vor der Geburt wieder zurück.
Wie wir später noch sehen werden, dienen die Riechzellen des Riechepithels primär der Wahrnehmung von Gerüchen (Odorantien) aus der Umgebung, etwa von Nahrungsquellen, Gefahren (zum Beispiel Brandgeruch) oder Fressfeinden. Das Riechepithel besitzt ziemlich viele Geruchssensoren. Das Vomeronasalorgan hingegen ist mit seinen vergleichsweise wenigen, aber dafür hoch spezialisierten Sensorzellen (auch Rezeptorzellen) für die Erkennung ganz bestimmter Geruchssignale, die als Pheromone bezeichnet werden (Pheromon von altgriechisch *pherein*: überbringen, übermitteln, erregen), zuständig, aber auch anderer spezifischer Duftstoffe, mit denen ein Tier die innerartliche Kommunikation regelt, zum Beispiel Zyklusstatus, Rangposition, Territorialmarkierung. Bei einigen männlichen Säugetieren stehen die Derivate des aus Testoteron gebildeten 16-Androsteron für die Pheromonwirkung auf der Kandidatenliste. Deren Umbauprodukte können Einfluss auf die Gehirn-Geschlechts-Achse nehmen. Für Labortiere ist dieses schon länger nachgewiesen. Bei weiblichen Tieren gibt es zwar ein paar Untersuchungen, aber es ist zu früh, daraus Schlüsse zu ziehen.
Oxytocin und Kopuline werden in Bezug auf den Menschen zurzeit intensiv zumindest in den Medien diskutiert. Man kann sich allerdings vorsichtig fragen, wie vielversprechend das angesichts eines fehlenden Jacobsonschen Organs ist.
Neuere Untersuchungen der Arbeitsgruppe Hanns Hatt aus Bochum haben eine interessante Entdeckung gemacht (Maßberg und Hatt 2018). So findet man die Riechrezeptoren, die für die Wahrnehmung von Düften verantwortlich sind, neben den Riechzellen in der Nase auch in anderen Körperzellen, zum Beispiel in Zellen der Prostata, im Gehirn und im Magen-Darm-Trakt. Darüber hinaus können Düfte, die über die Atemluft und Lunge oder über das Auftragen auf die Haut ins Blut und auf diesem Wege bis ins Gehirn gelangen, dort direkt Nervenzellen beeinflussen. Daraus lässt sich spekulieren, dass Pheromone auch andere Signalwege als über das Epithel des Jacobsonschen Organs benutzen könnten.

Was erwartet uns in dieser Welt?

Foto: Catharina Cordes

5
„The Big Five“

«Wir haben wunderbare Sinnesorgane bekommen. Sie sind die Tore der Wahrnehmung, die Pforten zum Himmel.»

Albert Hofmann, Chemiker

Foto: smrm1977/Shutterstock.com

Spür-Sinn? Hunde verfügen über die gleichen fünf Basissinne wie der Mensch. Auf der einen Seite sind manche der Sinne sehr viel leistungsfähiger als bei uns Zweibeinern, auf der anderen Seite gibt es aber auch Fähigkeiten, die nicht so stark entwickelt sind. Der Geruchssinn des Hundes ist dem des Menschen bei Weitem überlegen und sozusagen der Paradesinn. Die Hundenase erledigt Dinge, für die die menschliche Nase einfach nicht gebaut ist. Hunde können zum Beispiel Fährten über viele Kilometer Entfernung aufnehmen. Sie sind als Drogenspürhunde tätig und können unsere Gefühle anhand von Gerüchen erkennen, ja mitunter auch Erkrankungen erschnüffeln. Allerdings kann das nicht jeder Hund gleich gut, denn nicht alle Fellnasen sind mit demselben scharfen Geruchssinn ausgestattet. Einige Rassen wie der Schäferhund oder der Bloodhound sind mit einer besonders empfindlichen Spürnase ausgestattet. Trotzdem ist jeder andere Hund – auch der Mops – bezüglich seines Riechvermögens dem Menschen bei Weitem überlegen. Der Heimatort der Sinnesleistungen ist das Gehirn. Hier werden die aus dem Körper oder von der Körperoberfläche eintreffenden Informationen in Form elektrischer Impulse gesammelt, gefiltert, integriert, auf Plausibilität überprüft und gegebenenfalls gespeichert.

5.1 Ich sehe was, was Du nicht siehst: Sehsinn

In Kürze: Um den Sehvorgang im Detail zu verstehen, ist es wichtig zu wissen wie das Säugerauge aufgebaut ist, also wie die grobe und die feine Anatomie des Auges aussehen. Eine knöcherne Augenhöhle des Schädels schützt den kugeligen Augapfel, von dem man normalerweise nur einen Teil sehen kann. Zusätzlichen Schutz bietet die äußere Haut des Auges aus festem weißen Gewebe (Lederhaut oder Sklera). Sie geht vorne in die durchsichtige Hornhaut (Kornea) über, die die Aufgabe hat, die Linse zu schützen. Die Augenfarbe ist die Farbe der Regenbogenhaut, deshalb auch dieser Name. Die zweite Gewebsschicht des Auges ist dunkel und von vielen Blutgefäßen durchzogen (Aderhaut). Der vordere Teil dieser Schicht, die Regenbogenhaut oder Iris, liegt zwischen der Hornhaut und der Linse. In der Mitte hat die Iris ein Loch, die Pupille. Mithilfe von Muskeln kann die Iris die Pupille vergrößern und verkleinern und dadurch steuern, wie viel Licht durch die Pupille auf die Linse und damit ins Auge fällt. Die Linse, die hinter der Pupille liegt, kontrolliert die Bildschärfe. Von der Linse verlaufen feine Muskelfasern zu der festen, äußeren Haut des Augapfels, die die Dicke der Linse verändern können. Das ist notwendig, damit sowohl von nahe gelegenen als auch von weiter entfern-

Anatomische Grundstrukturen des Gehirns. Das **1 Großhirn** (*Cortex*) ist für die Speicherung von Informationen zuständig und bildet die biologische Basis unseres Gedächtnisses. Verstand und Denken, zielorientiertes Handeln und die Entstehung von Gefühlen, alle sind Produkte der Vorgänge in unserem Großhirn. Der **2 Thalamus** (*Sehhügel*) ist die Sammelstelle für alle Sinneseindrücke mit Ausnahme des Geruchssinns, die auf dem Weg zum Großhirn hier umgeschaltet werden – also alle Eindrücke des Sehens, Hörens, Fühlens und der Temperatur- und Schmerzempfindung. **3** Die **Brücke** (*Pons*) bildet eine wichtige Umschaltstelle zwischen Kleinhirn und Motorcortex. Daneben erfüllt sie zahlreiche vegetative Aufgaben wie die Steuerung von Atmung und Herztätigkeit. Im **4 verlängerten Rückenmark** (*Medulla oblongata*) liegen ebenfalls wichtige Regulationszentren für die Atmung und den Blutkreislauf sowie Reflexzentren für den Schluck- und Saugreflex, den Husten-, Nies- und Würgereflex sowie das Brechzentrum. Das **5 Kleinhirn** (*Cerebellum*) ist das Kontrollorgan für das Zusammenwirken von Muskelbewegungen (Koordination), für die Feinabstimmung von Bewegungsabläufen und für die Regulierung der Muskelspannung. **6 Visuelles** und **7 olfaktorisches Zentrum** sprechen für sich. **8 Hypophyse** und **Hypothalamus** (*Hirnanhangdrüsen*): Die Hypophyse ist die Schnittstelle zwischen dem endokrinen System und dem Nervensystem. In der Hypophyse werden fast alle wichtigen Hormone, die in der Körperperipherie vorkommen, zum Teil produziert und sezerniert, zum Teil auch nur gespeichert und dann abgegeben. Der **Hypothalamus** koordiniert als übergeordnetes Zentrum Wasser-, Salzhaushalt und Blutdruck. Er sorgt dafür, dass die Körpertemperatur konstant bleibt und regelt die Nahrungsaufnahme. Der Hypothalamus beeinflusst das Gefühls- und Sexualverhalten und bestimmt den Schlaf-Wachrhythmus.

Quellen: Gehirn: About time/Shutterstock.com, modifiziert, Foto: cynoclub/Shutterstock.com

«Denn es ist besser, mit eigenen Augen zu sehen als mit fremden.»
Martin Luther
Foto: Schröder

ten Gegenständen ein scharfes Bild auf der Netzhaut entsteht. Die dritte Schicht, die innerste Auskleidung des Augapfels, ist die Netzhaut (Retina). Sie besteht aus einer Schicht von lichtempfindlichen Nervenzellen (Fotorezeptoren) und Nervenzellen, die die Signale verarbeiten. Diese Signale werden über ein bis zwei Millionen Nervenfasern an das Gehirn geleitet. Dazu werden die Nervenfasern im *Nervus opticus* gebündelt, der im sogenannten blinden Fleck (Papille) das Auge verlässt. Der blinde Fleck liegt relativ zentral in der Retina. Beim Menschen ist er eine dreieinhalb Millimeter große Öffnung und der Bereich in der Retina, der keine Photorezeptoren enthält. Das Auge ist an dieser Stelle blind, was aber im Alltag keine Bedeutung hat, weil das Gehirn dieses Manko ausgleichen kann.
Nicht direkt zum Augapfel gehören das

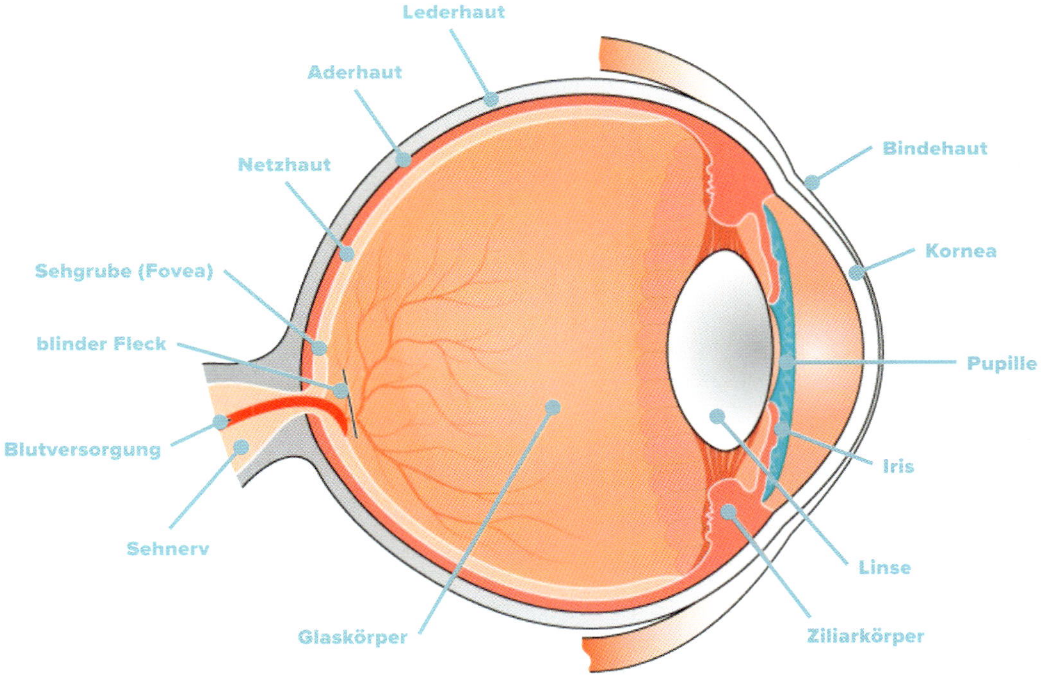

Anatomie des Auges (schematisch). Dieses ist ein Schema vom menschlichen Auge, sieht aber beim Hund ganz ähnlich aus. Oberes und unteres Augenlid sind nicht eingezeichnet. Der Hund besitzt zusätzlich ein drittes Augenlid (sog. Nickhaut). Die Nickhaut kann vom inneren Augenwinkel aus horizontal als Schutz-und Reinigungshaut über die Hornhaut (Kornea) geschoben werden.

Quelle: Blamb/Shutterstock.com, modifiziert

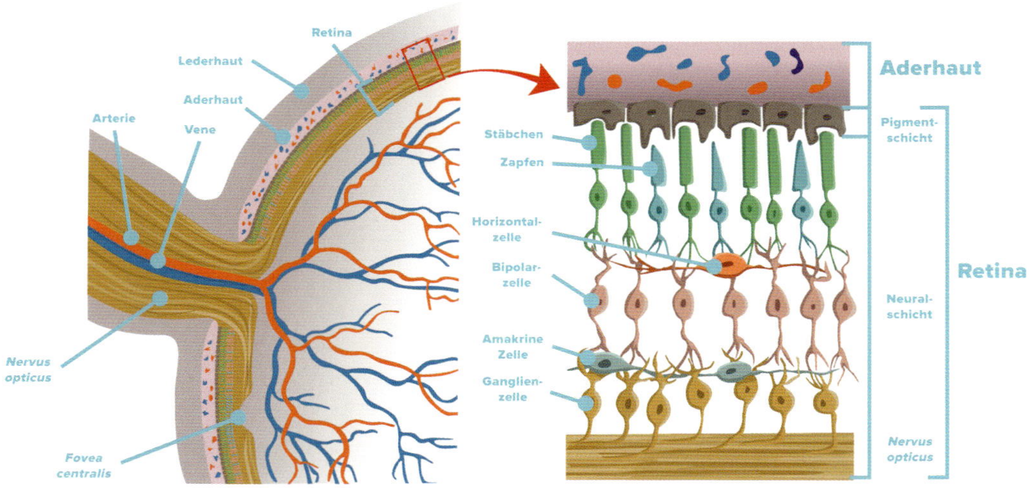

Histologie der Retina (schematisch). Lederhaut (*Sclera*) und Aderhaut (*Choroidea*) fassen die Netzhaut (*Retina*) des Auges ein. Der Sehnerv (*Nervus opticus*) leitet die elektrischen Impulse von der Netzhaut zum Sehzentrum in der Großhirnrinde. Die *Fovea centralis* (Sehgrube) ist eine im Zentrum der Netzhaut gelegene Einsenkung, die in der Sehachse des Auges liegt. Sie repräsentiert den Bereich des schärfsten Sehens und hat beim Menschen einen Durchmesser von etwa 1,5 mm. An die Aderhaut grenzt das einschichtige Pigmentepithel, das beim Hund durch Einlagerung besonderer reflektierender Pigmentkörnchen zum *Tapetum lucidum* wird. Die Aufgabe des Epithels liegt vor allem in der Versorgung der Fotorezeptoren mit Sauerstoff und Nährstoffen. Die lichtempfindliche Schicht gliedert sich prinzipiell in blätterweise angeordnete Photorezeptorzellen (Stäbchen und Zapfen), bipolare Zellen und Ganglienzellen. Außerdem befinden sich noch weitere Zellen in dieser Schicht (Horizontalzellen, amakrine Zellen). Die lichtempfindlichen Stäbchen sind für das Sehen in der Dämmerung und das Schwarz-Weiß-Sehen zuständig. Zapfen sind weniger lichtempfindlich und ermöglichen das Sehen von Farben am Tag. Die Sinneszellen grenzen direkt an das Pigmentepithel und werden von den anderen Nervenzellen der inneren Netzhautschicht (bipolare Zellen, Ganglienzellen) überlagert. Das einfallende Licht muss also zunächst diese inneren durchdringen, bevor es an die empfindlichen Fotorezeptoren gelangt. Stäbchen und Zapfen stehen über Synapsen in direktem Kontakt zu neuronalen Schaltzellen, die an den Ganglienzellen enden. Mehrere Sinneszellen enden dabei an einer Ganglienzelle. Bipolar- und Horizontalzellen sammeln und integrieren die Lichtereignisse jeweils unterschiedlich vieler Sinnesrezeptoren bevor eine Nachricht an die Ganglienzellen weiter gegeben wird. Sie haben also eine ordnende Funktion. Die genaue Funktion der amakrinen Zellen ist noch nicht geklärt. *Quelle: Jacobo Castro Cristo/Shutterstock.com*

obere und untere Lid. Eine anatomische Besonderheit des Hundeauges ist sein drittes Augenlid. Die Augenlider kann man als muskulär bewegliche Weichteilfalten bezeichnen, die den Augapfel von vorne schützend bedecken können. Sie verhindern vor allem die Austrocknung des Augapfels und schützen vor mechanischen Einwirkungen von außen. Das dritte Augenlid beim Hund wird auch als Nickhaut bezeichnet. Diese ist größtenteils unter dem unteren Lid versteckt, und man kann nur ein kleines Stückchen dieser farbigen Membran im inneren Augenwinkel erkennen. Sie hat die Funktion eines Scheibenwischers, der Fremdkörper wie Staub, Pollen oder Grassamen entfernt. Im Normalfall fällt die Nickhaut kaum auf – anders, wenn es zu einem sogenannten Nickhautvorfall (ein- oder beidseitig) kommt, der die Sicht des Tiers einschränkt und nicht selten operativ behandelt werden muss.

Etwas genauer: Allgemein bedeutet Sehen, dass ins Auge fallende Lichtstrahlen einer bestimmten Wellenlänge lichtempfindliche Rezeptoren und dadurch Nerven anregen, Aktionspotenziale über Nervenfasern ans Gehirn zu

Ganz Auge sein...

Quelle: Jacobo Castro Cristo/Shutterstock.com

senden. Bestimmte Teile des Gehirns empfangen und verarbeiten diese Signale. Hund oder Mensch empfinden, das heißt sie „sehen“ nun das Bild. Bereits in der Netzhaut wird durch die koordinierte Tätigkeit der Nervenzellen autonom das Bild verbessert, wie es die Software der meisten modernen Digitalkameras und selbst die vieler Smartphones mittlerweile standardmäßig ermöglicht. Mit den Netzhautnervenzellen wird der Bildkontrast verbessert, die

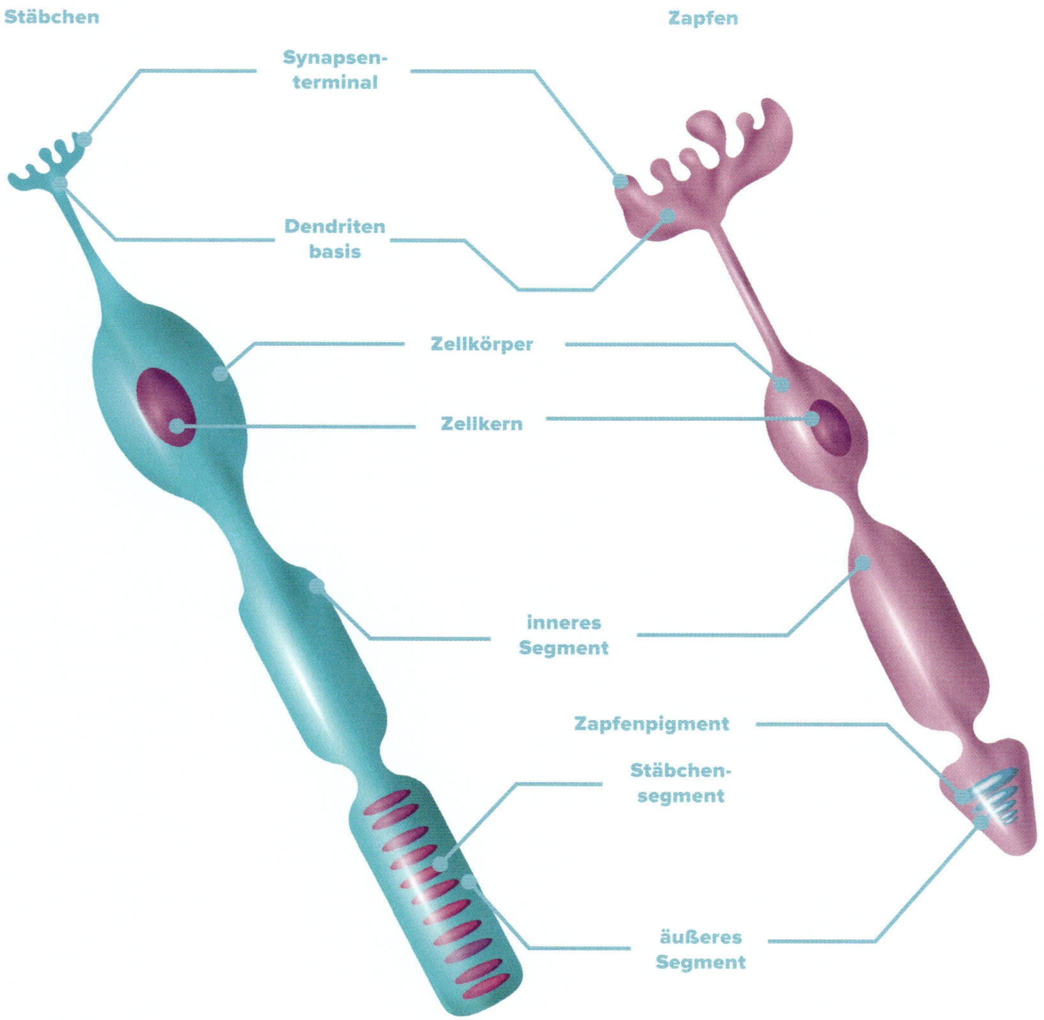

Modell der Stäbchen und Zapfen in der Retina des Auges. *Quelle: Art of Science/Shutterstock.com*

Farben werden leuchtender gemacht und Bewegungen im Bild deutlicher dargestellt. Der Augapfel ist mit einer durchsichtigen, gallertartigen Masse (Glaskörper) gefüllt, die die Bündelung der Lichtstrahlen fördert und dazu beiträgt, dass das Auge seine Form behält.

Am Anfang ist das Licht. Was ist eigentlich Licht? Das ist ganz schön schwer zu erklären. Physikalisch gesehen besteht Licht aus elektromagnetischen Wellen in der Größenordnung einer Frequenz von 400 (violett) bis 700 (rot) Nanometern (nm). Licht kann durch viele physikalische Eigenschaften beschrieben werden, wie gerade erwähnt durch seine Frequenz, aber auch durch seine Intensität oder den Polarisationsgrad, das heißt die Lage der zweidimensionalen Wellen im dreidimensionalen Lebensraum. Farbe gehört nicht dazu, obwohl wir Farbe unweigerlich mit dem Begriff „Licht“ verknüpfen. In der Realität ist Licht eine Auswertung dessen, was unsere Augen über geeignete Sinneszellen als spektrale Reflexion von einem Objekt oder einer Landschaff erfassen und an das Sehzentrum im Gehirn schicken.
Um diesen Vorgang, also Farben- und Hell-Dunkel-Sehen, in der Netzhaut des Auges ablaufen lassen zu können, ist eine der Grundvoraussetzungen, dass die Netzhaut entweder mit einem einzigen Typus von Sinneszellen ausgestattet ist, der sozusagen omnipotent alles kann, oder mit mehreren verschiedenen Typen, die unterschiedliche Sensorfähigkeiten vorweisen. Die Natur hat sich für letzteren Weg entschieden. Warum genau so, weiß man nicht. Es wird aber diskutiert, dass die Sinneszellen selbst und ihre Nervenfasern beim Ein-Typus-Modell sehr groß beziehungsweise dick hätten sein müssen, um alle Fähigkeiten unterzubringen. Dementsprechend groß hätten dann auch die Augen sein müssen und folgerichtig auch der Schädel als schützendes Behältnis für die Augen. Durchgesetzt haben sich bei allen Säugetieren kleinere Sinneszellen mit jeweils spezialisierten Aufgaben. Man findet sogenannte Zapfen (englisch: *cones*), wobei jeder Typus für unterschiedliche Bereiche des Lichtspektrums empfindlich ist. (Abb. links Stäbchen und Zapfen) Daneben gibt es sehr viele Stäbchen (englisch: *rods*) in der Netzhaut, die sich überwiegend um Hell-Dunkel- und Dämmerungssehen kümmern. Die Differenzierung in Zapfen und Stäbchen hat funktionelle Gründe: Die Zapfen (Helligkeitsrezeptoren) funktionieren nur bei ausreichender Helligkeit (Tagsehen = photopisches Sehen) und machen das Farbsehen möglich, während in der Dunkelheit (Nachtsehen = skotopisches Sehen) aufgrund ihrer wesentlich höheren Lichtempfindlichkeit im Wesentlichen nur noch die Stäbchen (Dunkelrezeptoren) gut funktionieren. Die Vorgänge, die den Übergang in der

Foto: Catharina Cordes

Dämmerung vom phototopischen zum skotopischen Sehen ermöglichen, nennt man Dunkeladaptation.
Beim Menschen befinden sich sechs Millionen Zapfen und ungefähr 120 Millionen Stäbchen in der Fotorezeptorschicht. Wie die Verteilung beim Hund aussieht, ist in der Literatur nicht genau geklärt. Es wird aber allenthalben spekuliert, dass Hunde auf Kosten der farbempfindlichen Zapfen sehr viel mehr der hoch lichtempfindlichen Stäbchen besitzen und damit ihr Dämmerungsehen stärker ausgeprägt ist. Hinzu kommt eine anatomische Besonderheit, die der Mensch nicht besitzt. Mithilfe des sogenannten *Tapetum lucidum*, einer reflektierenden Schicht, die sich im Bereich der Netzhaut befindet, wird beim Hund einfallendes Licht verstärkt. Das einfallende Licht passiert nämlich die Sinneszellen zweimal, einmal beim Eintritt ins Auge und ein zweites Mal beim Austritt nach zumindest teilweiser Rückspiegelung. Der „Restlichtverstärker“ sorgt auch für die typische Reflexion der Augen der meisten nachtaktiven Tiere, wenn diese im Dunkeln angeleuchtet werden.
Die Dichte der Stäbchen sorgt dafür, dass Hunde schon geringe Helligkeitsunterschiede sehr gut wahrnehmen können. Darüber hinaus können sie diese Unterschiede in vielen verschiedenen Graustufen darstellen. Die Linsen im Hundeauge sind sehr groß, gleichzeitig lassen sich die Pupillen sehr weit stellen. Zusammen mit dem *Tapetum lucidum* und den vielen Sinneszellen ermöglicht dieser Apparat ein vergleichsweise gutes Sehen bei geringer bis sehr geringer Helligkeit. Die Auflösung und das Kontrastempfinden reicht aus, um Formen und Bewegungen so gut zu erkennen, dass wir selbst nur davon träumen können!
Der Anteil der blauempfindlichen Zapfen (S-Typ) beträgt bei allen Menschen nahezu konstant zwölf Prozent. Das Verhältnis der Rot- und Grünzapfen auf der Retina variiert aber zwischen den Individuen sehr stark. Das mag die unterschiedlichen Farbeindrücke erklären, über die Versuchspersonen in genormten Farbexperimenten berichteten. Die Dichte der Zapfen in der Fotorezeptorschicht ist nicht überall gleich. Sie ist beim Menschen im Zentrum, der *Fovea centralis* oder Sehgrube, dem Bereich des schärfsten Sehens, am größten und nimmt zur Peripherie hin ab. Umgekehrt nimmt die Dichte der Stäbchen vom Zentrum zur Peripherie hin zu. Bei Primaten und Menschen ist die Sehgrube bei der medizinischen Augenuntersuchung gut zu erkennen. Dies ist bei Hundeartigen aber auch Katzen oder Kaninchen nicht im selben Maße gegeben und kann nur in etwa ermittelt werden. Zwar gibt es bei diesen Tieren auch einen zentralen Bereich mit hoher Sehschärfe, der ist aber gegenüber anderen Retinabereichen nicht so zentral kreisförmig konzentriert wie bei Prima-

ten, sondern sieht in seiner Verteilung eher aus wie ein Spiegelei mit ausgelaufenem Eidotter. Der Grund ist, dass die Zapfen sich aus dem Zentrum in beide horizontalen Richtungen ausbreiten, sodass wir eher von einer Fovea-Adäquatheit sprechen oder von einem Sehstreifen (*visual streak*) (Yamaue et al. 2015). Der Sehstreifen erlaubt dem Tier eine bessere Wahrnehmung der Peripherie. Das ist ein großer Vorteil für die ursprüngliche Lebensweise der Kaniden als Beutegreifer und den Sehstreifen gibt es auch bei vielen heutigen Hunderassen. Aber merke, nicht bei allen Rassen ist er noch so ausgeprägt wie beispielsweise beim Prototyp, dem Wolf. Für die Hunde kann man sagen, dass die Langnasen eher zum Sehstreifen tendieren, während die Kurznasen eher das Primatenschema verfolgen. Die einen könnten dadurch bessere Jäger sein oder sich für alles interessieren, was sich bewegt, und die anderen könnten mehr Spaß am Fernsehschauen haben oder eine bessere Gesichtserkennung haben. Aber ein solcher Zusammenhang ist nur ein Verdacht, der mit harten wissenschaftlichen Daten bislang nicht belegt werden kann.
Ich möchte einen anderen Gedanken spinnen: Von anderen Tierarten ist schon bekannt, dass über die spezielle Position und Dichte der Fotorezeptoren im Sehstreifen so etwas wie eine Gleitsichtbrille erzeugt wird. Bei Schweinen und Rindern zum Beispiel besitzt die obere Hälfte des Streifens eine höhere Rezeptordichte, was scharfes Sehen nach unten ermöglicht, beispielsweise beim Wühlen im Boden oder beim Abzupfen von Gras. Bei Vögeln findet man die unterschiedliche Organisation der Netzhaut ganz häufig und kann sie recht gut mit der jeweiligen Lebensweise korrelieren. Ich denke, es wäre lohnenswert, in diese Richtung auch für die unterschiedlichen Hunderassen zu denken und entsprechende Untersuchungen anzustellen.

Scharf-Sinn? Das Sehvermögen des Hundes ist nicht so hoch entwickelt wie zum Beispiel seine Fähigkeit Dinge zu erschnüffeln. Nach allem was wir wissen, kann gesagt werden, dass die Farbempfindung unserer Vierbeiner abgeschwächter ausfällt als die von uns Menschen. Trotzdem haben einige Rassen wie beispielsweise viele Windhundrassen erstaunliche Sehfähigkeiten entwickelt, vor allem wenn es sich um Objekte in größerer Distanz handelt, die sich auch noch bewegen. Diese Hunde können sich bewegende Beute sogar auf einige hundert Meter Entfernung wahrnehmen. In der Nahdistanz kann das Hundeauge seine Schärfe nicht so gut adaptieren wie wir. Allgemein können Hunde im Vergleich zu uns besser in der Dämmerung sehen, bei Tageslicht sind sie uns in dieser Fähigkeit allerdings unterlegen. Das Gesichtsfeld des Hundes beträgt circa 240 Grad, dasjenige

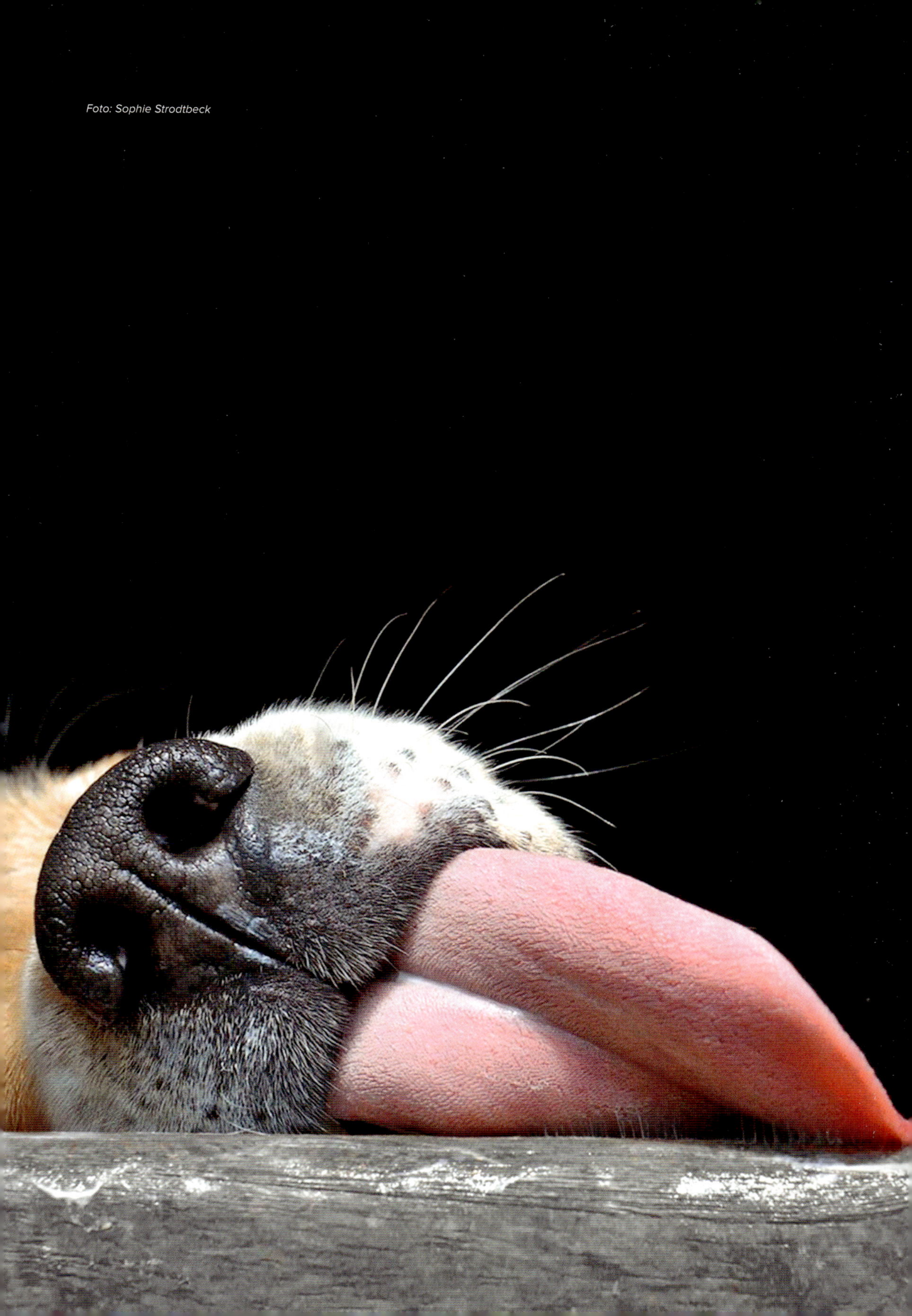
Foto: Sophie Strodtbeck

des Menschen nur 180 bis 200 Grad (horizontal gemessen). Das liegt daran, dass die Hundeaugen normalerweise etwas weiter außen von der Mittellinie des Schädels angeordnet sind als bei uns. Das Gesichtsfeld ist der Bereich, in dem man seine Umwelt erkennt, ohne den Kopf oder die Augen zu bewegen. Im Gegensatz dazu ist das Blickfeld der Umkreis, der wahrgenommen wird, wenn man zusätzlich die Augen bewegt. Übrigens haben Frösche und einige Vögel wie die Taube ein Gesichtsfeld von über 300 Grad, das entspricht fast einem Rundum-Panoramablick!
Man unterscheidet das monokulare Gesichtsfeld des jeweils rechten und linken Auges allein vom binokularen Gesichtsfeld (zweiäugiges Gesichtsfeld). Seine Lage ist abhängig von der Stellung der Augen und von der Verteilung der Sinneszellen in der Netzhaut. Diese beiden Eigenschaften stehen in Zusammenhang mit der jeweiligen Lebensweise der Tiere im Laufe der Evolution bis heute. Bei Primaten und Kaniden sind die Augen eher nach vorne gerichtet, bei Huftieren, Nagern und Singvögeln eher seitlich. Bei Mensch und Hund überlappen sich die Gesichtsfelder beider Augen symmetrisch entlang der Stirn-Nasen-Linie in bestimmten Bereichen. In diesem Überlappungsbereich der monokularen Gesichtsfelder findet eine Fusion der beiden Bilder des rechten und linken Auges zu einem einzigen statt. Dies ist eine Voraussetzung für die Entstehung von räumlichem beziehungsweise plastischem Sehen. Beim Menschen beträgt die Ausdehnung der Überschneidung der beiden monokularen Gesichtsfelder beim beidäugigen Sehen etwa 120 Grad, beim Hund dagegen im Mittel nur 60 Grad (Kurznasen etwas mehr, Langnasen etwas weniger).
Das horizontale binokulare Gesichtsfeld bezieht sich auf eine bestimmte internationale Messmethode (die Perimetrie), die für Standardmessungen beim Menschen vereinbart wurde. Aber alleine diese relativ einfache Methode beim Tier durchzuführen ist schwierig genug und funktioniert allenfalls bei trainierbaren Tieren. Außerdem muss berücksichtigt werden, dass diese optimale Messbedingung unter natürlichen Bedingungen nur selten zutrifft, weil Kopf- und Augenbewegungen eine vertikale Dimension mit ins Spiel bringen. Das wahre Gesichtsfeld würde wohl eher eine Art „Raumwolke" beschreiben. Für den Hund gibt es dazu leider keine belastbaren Daten. Insgesamt ist zu beachten, dass sich auch die Kopfform des Hundes auf das Gesichtsfeld und damit auf das Sehvermögen auswirkt. Die Kopfform unserer Hunde ist durch die verschiedenen züchterischen Einwirkungen sehr unterschiedlich. So haben Hunde mit langen Schnauzen ein umfängliches Gesichtsfeld von bis zu 240 Grad (manchmal 270 Grad), da die Augen vergleichsweise weit seitlich liegen (siehe oben). Bei Rassen mit kurzen Schnauzen hingegen

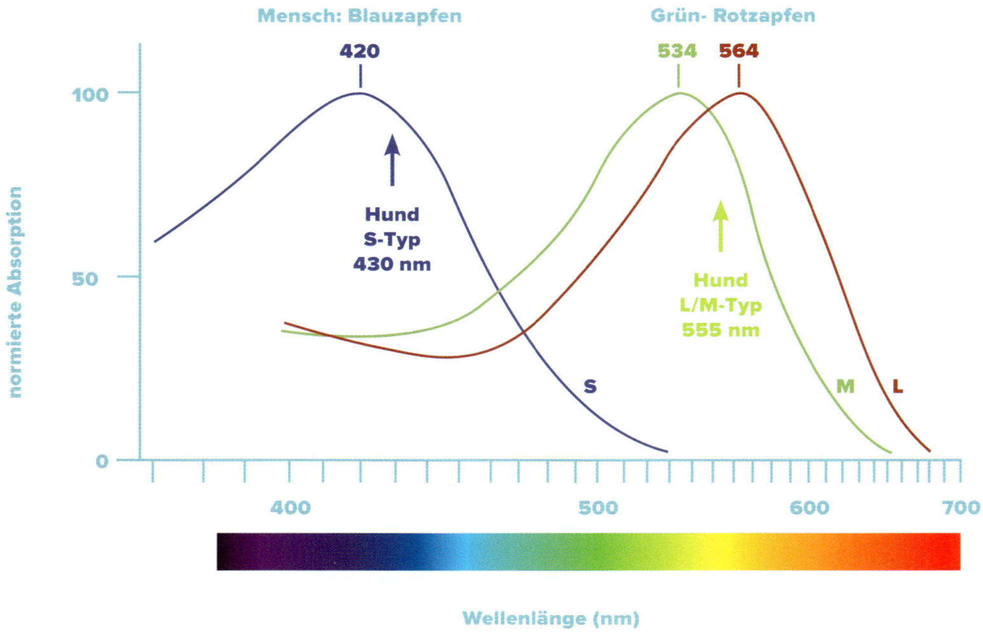

Absorptionsmaxima der Farbzapfen bei Mensch und Hund. S-, M- und L-Typen bewirken trichromatisches Sehen beim Menschen, S- und L/M-Typen dichromatisches Sehen beim Hund (näheres im Text). *Quelle: Schröder*

sind die Augen eher so positioniert wie bei uns Menschen, also ziemlich frontal. Sie haben daher nur ein Gesichtsfeld von 180 bis 220 Grad. Wir können diesbezüglich fast schon von einem eingeschränkten Gesichtsfeld sprechen.

Welche Farben sieht der Hund?

Beim Menschen ist die Entstehung des Farbensehens sehr gut untersucht, jedenfalls im Vergleich zu vielen anderen Säugetieren. Klar ist schon lange, dass der Mensch, wie andere Primaten auch, eigentlich einen Spezialfall darstellt. Er besitzt ein trichromatisches Farbensehen mit den drei Zapfentypen, die in der Terminologie für die menschliche Retina als Blau- (S-Typ, *short wave*, 420 nm), Grün- (M-Typ, *medium wave*, 534 nm) und Rot-Zapfen (L-Typ, *long wave*, 564 nm) bezeichnet werden, da ihre maximale Empfindlichkeit in etwa den Wellenlängen des Lichts entspricht, die wir als Blau, Grün oder Rot wahrnehmen. Das ermöglicht es, eine enorme Vielfalt an Farben zu unterscheiden. Wie viele es wirklich sind, kann nur grob geschätzt werden. Die Bandbreite reicht von circa zwei bis zehn Millionen. Nach den Gesetzen der

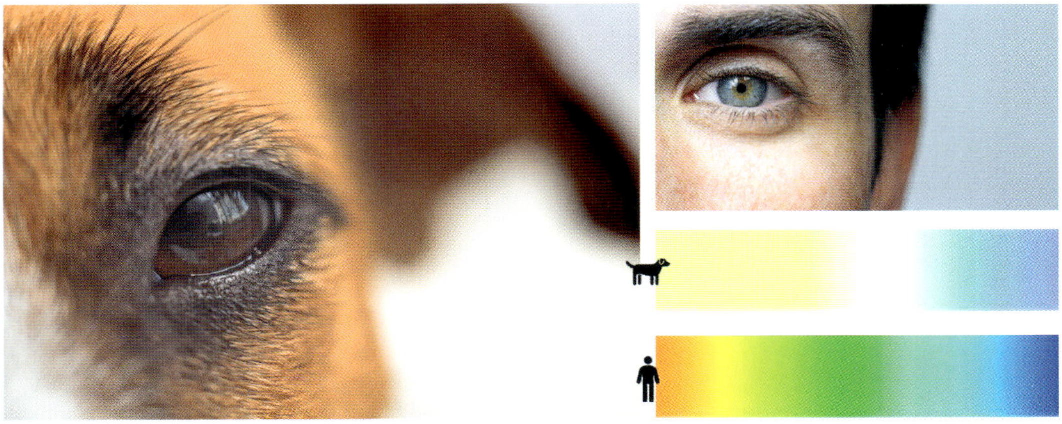

Hundeauge (links) und Menschenauge (rechts oben) sehen die Farben (rechts unten) unterschiedlich, da es in der Hunderetina nur zwei unterschiedliche Farbrezeptoren gibt (dichromatisches Sehen), der Mensch hat drei (trichromatisches Sehen). Die Mehrzahl der Säugetiere hat nicht 3, sondern nur 2 Zapfentypen und daher dichromatisches Farbensehen. Das Farbenunterscheidungsvermögen ist bei Dichromaten etwasvermindert. Rottöne werden nicht gesehen. *Quellen: Reshetnikov_art/Shutterstock.com (links), Hqualit/Shutterstock.com (rechts oben), Schröder (unten rechts)*

Beispiele für Tri- und dichromatisches Farbensehen im Vergleich. *Quelle: Bocskai Istvan/Shutterstock.com*

additiven Farbmischung, die für das Drei-Zapfen-System Blau, Grün, Rot der Retina angewendet werden können, erhält man durch das Mischen dieser drei Grundfarben mit gleicher Intensität die „unbunte Farbe“ Weiß, die wohl jeder vom Sonnenlicht kennt.

Der Hund gehört zu den sogenannten Dichromaten, wie die meisten anderen Säuger auch. Dichromaten besitzen nur zwei Zapfentypen: einen, dessen Empfindlichkeit meist im eher kurzwelligen Bereich liegt (Mensch 420 nm, Hund 430 nm) und unserem Blau-Zapfen entspricht (S-Typ), und einen zweiten, der am empfindlichsten für das längerwelligere Licht ist, nämlich 555 nm (Peichl 2005; Neitz et al. 1989; Chiao et al. 2000). Dieser Zapfentyp (von manchen L/M-Typ genannt, also *long/medium*) entspricht vom Empfindlichkeitsverhalten am ehesten unserem Rot-Zapfen, der seine maximale Empfindlichkeit bei 564 nm hat. Das Absorptionsmaximum liegt nur ein paar Nanometer niedriger als beim Menschen und bewirkt auf diese Art, dass dieser Zapfen besser Gelb (bis hin zu Grüntönen) als Rot wahrnimmt. Rote Objekte sehen für Hunde demgemäß wie Gelb aus. Hunde sehen im Wesentlichen den Spektralbereich von Blau bis Gelb, wobei ihnen Objekte, die uns grün erscheinen, weiß, grau oder vielleicht auch schwarz erscheinen. Niemand weiß das so genau. Wahrscheinlich können aber Hunde unterschiedliche Grautöne wesentlich besser differenzieren als wir Menschen. Sie wären also bei Landschaften, Wäldern und bestimmten anderen Umgebungen wahre Meister der Schwarz-Weiß-Fotografie!

Die Dichromasie des Hundes entspricht dem Krankheitsbild der Deuteranopie des Menschen, die auch als Grünblindheit bezeichnet wird. Dabei handelt es sich um eine genetisch bedingte Farbfehlsichtigkeit. Betroffene können die Farbe Grün nicht wahrnehmen. Es handelt sich um eine Unterform der Rot-Grün-Blindheit.

Auf Entdeckungstour. Foto: Catharina Cordes

Gibt es Vorteile für Trichromaten oder Dichromaten? Die Evolution Rot-empfindlicher Zapfen bei Primaten war womöglich für die Futtersuche von Vorteil, da reife Früchte und Beeren oft Licht in diesen Wellenlängen reflektieren (Peterhans 2015). Eine andere Hypothese geht davon aus, dass es zu Beginn der Säugerevolution vier Zapfentypen gab, wie sie heute noch bei den Wirbeltieren Fische, Reptilien und Vögel zu finden sind. Dieser „Luxus" wurde später „eingespart", um entsprechend der Lebensweise Platz für die nützlicheren Stäbchen zu schaffen.

Wir Menschen unterscheiden grundsätzlich drei Dimensionen von Farbe: eine „unbunte" achromatische Dimension, die Helligkeit, die durch die Kombination der Signale von Rot- und Grünzapfen und/oder der Stäbchen vermittelt wird, dann zwei „bunte" chromatische Dimensionen, nämlich Farbton und Farbsättigung (Scholtyßek und Kelber 2017). Ein Farbton ist die Eigenschaft, die eine bestimmte Farbe definiert. So sind beispielsweise Blau, Grün und Rot Farbtöne. Je reiner eine Farbe ist, desto gesättigter und damit intensiver erscheint sie. Wird etwa die Farbe Rot mit etwas Weiß gemischt, erscheint sie nicht mehr so intensiv. Eine Farbe mit einer Sättigung von 100 Prozent enthält kein Weiß. Eine Farbe mit einer Sättigung von null Prozent entspricht einem neutralen Mittelgrau. Noch ein Beispiel für das Zusammenspiel von Farbton und -sättigung: Eine Farbe mit hoher Sättigung wäre ein kräftiges Orange. Wenn die Sättigung verringert wird (Farbton und Helligkeit werden aber beibehalten), nimmt die orangene Farbe zunächst einen bräunlichen Ton an, dann wird sie gelblich-grau, und endet schließlich bei besagtem Mittelgrau. Die Farbsättigung als zusätzliche Dimension bietet den Trichromaten einen wesentlichen Vorteil. Sie ermöglicht es uns, rein visuell Rückschlüsse auf die Materialbeschaffenheit von Objekten zu ziehen, zum Beispiel die Stärke der Pigmentierung, Glanz oder Textur (Scholtyßek und Kelber 2017). Das können Dichromaten in vergleichbarer Form nicht.

Warum begnügen sich Dichromaten mit einer Farbdimension weniger?

Um diese Frage zu beantworten, müssen wir lange in die Evolutionsgeschichte der Säugetiere zurückblicken. Da gab es eine Zeit, in der Dinosaurier fast jede ökologische Nische besetzt hielten und die sich damals entwickelnden Säugetiere zu einer überwiegend nachtaktiven Lebensweise drängten. Erst im Zeitalter des Massenaussterbens der Dinosaurier konnten die frühen Säuger auch zum tagaktiven Leben übergehen. Zu diesem Zeitpunkt hatte sich ihr Auge längst an die Nachtaktivität angepasst. Dabei spielte Farbensehen quasi keine Rolle („Nachts sind alle Katzen grau"), während hohe Lichtempfindlichkeit und gutes Stäbchensehen

von großem Nutzen waren. Diese biologische Anpassung ist heute noch bei überwiegend dämmerungs- oder nachtaktiven Säugern wie Igel, Maus und Fuchs zu finden. Das heißt aber nicht, dass solche Tiere tagsüber nichts genau sehen könnten.
Ich möchte an dieser Stelle anmerken, dass ich die Beschreibung von Vor- und Nachteilen bei Tieren („Wer ist besser – wer ist schlechter?"), die eine schon so lange Evolutionsperiode auf der Erde bewältigt haben, für nicht sinnvoll halte. Freuen wir uns lieber über die vorhandene ökologische Vielfalt und versuchen sie zu achten, indem wir die Zucht von Extremen unterlassen.

Wie funktioniert das mit der Sehschärfe?
In Kürze: Die optimale Sehschärfe hängt von der Dichte der Fotorezeptoren auf der Retina ab. Die ist im Bereich der *Fovea centralis* (Mensch) beziehungsweise *Area centralis* (Hund) am höchsten. In diesen Bereichen dominieren die Zapfen (Helligkeitsrezeptoren). In Richtung Peripherie nimmt die Anzahl der Zapfen zugunsten der Dichte der sehr lichtempfindlichen Stäbchen (Dunkelrezeptoren) ab. Lichtverhältnisse und Kontrast zwischen Objekt und Hintergrund sind weitere Faktoren für die Sehschärfe. Bei schlechten Lichtbedingungen ist der Hund aufgrund seiner Netzhautstruktur uns Menschen überlegen. Bei guten Lichtbedingungen ist es umgekehrt und wir sind im Vorteil. Allerdings ist der Mensch nicht das Maß aller Dinge, denn nicht Primaten haben die maximale Sehschärfe, sondern Greifvögel wie Falken oder Adler und viele andere Tiere mehr (Peterhans 2015).

Etwas genauer: Unter der Sehschärfe beziehungsweise dem Visus versteht man die Fähigkeit des dioptrischen Augenapparats, diverse Umweltstrukturen als solche wahrzunehmen und zu erkennen. Die Sehschärfe wird beeinflusst durch die physikalisch-optischen Eigenschaften des dioptrischen Augenapparats (Pupillengröße, Linse, Wölbung und Dicke der Hornhaut) und durch den spezifischen Aufbau der Fotorezeptorschicht. Dazu kommt die Fähigkeit zur Akkommodation. Die Akkommodation ist die natürliche Fähigkeit des Auges, die Brechkraft der Augenlinse anzupassen, um Dinge in unterschiedlicher Entfernung zu fokussieren. Die Linse ist in elastisch, wodurch die Stärke ihrer Wölbung und somit auch ihre Brechkraft veränderbar ist. Innerhalb kürzester Zeit kann das Auge zwischen Nahsicht und Fernsicht wechseln. Der Nahpunkt beschreibt dabei die kürzeste und der Fernpunkt die weiteste Entfernung, in der ein scharfes Sehen möglich ist. Beim Hund ist die Linsenelastizität allerdings nur halb groß wie beim Menschen. Der physiologische Zustand beim Hund entspricht also dem, was wir beim Menschen als Alterssichtigkeit bezeichnen, die jeden von uns irgendwann trifft. Denn die Elastizität der Linse nimmt im Laufe des Lebens immer mehr ab, wodurch die Akkommodationsfähigkeit ebenfalls nachlässt. Die Ziliarmuskeln können sich noch so sehr anstrengen, die Linse kann wegen der fehlenden Elastizität ihre Kugelform nicht mehr erreichen. Deshalb können Alterssichtige ohne entsprechende

Liebst Du mich auch?

Foto: SakSa/Shutterstock.com

Sehhilfe wie Kontaktlinsen nicht ausreichend in der Nähe scharf sehen.
Der Hund kann Objekte, die sich näher als 30 bis 50 Zentimeter an den Augen befinden, bereits aufgrund der suboptimalen Gegebenheiten des Augenapparats nicht besonders scharf sehen.
Die Pupillenweite wird je nach Lichteinfall über die Irismuskulatur autonom reflektorisch reguliert. Bei schlechten Lichtverhältnissen kann dies der Hund besser, da er *a priori* größere Pupillen hat, die dann mehr Licht für die Stäbchen durchlassen können. Die Auflösung des Stäbchensystems ermöglicht allerdings keine gute Sehschärfe, da immer mehrere Sinneszellen zu einem Cluster zusammengeschaltet werden, deren Flächeninformation vom Gehirn als Summe und nicht wie beim Zapfensystem eins zu eins ausgewertet wird, das heißt die „Pixeligkeit" nimmt zu. Dieser Nachteil kann zumindest teilweise durch die Funktion des *Tapetum lucidum* kompensiert werden, sodass Bewegungen und Umrisse auch bei schlechten Lichtverhältnissen erkannt werden können.
Die Sehschärfe des Menschen ist ungefähr fünfmal besser als die des Hundes. Der Hund erkennt „seinen" Menschen auf Distanz nur schlecht, wenn dieser sich still verhält. Bewegt er sich aber, zeigt sich, dass der Hund auch sehr feine Bewegungen in der Distanz wahrnehmen kann. Manche Beutetiere haben deshalb das Verhalten entwickelt, sich bei Gefahr still zu verhalten, am besten noch getarnt in einem Versteck.

Wie nehmen Hunde Bewegungen wahr? Bewegungen können Hunde besonders gut wahrnehmen. Sie reagieren deutlich empfindlicher auf Bewegungen als wir Menschen. Verantwortlich sind dafür mehrere Faktoren, die zum Teil schon angesprochen wurden, wie das erweiterte Gesichtsfeld und die große Anzahl von Stäbchen in der Netzhaut. Diese sind nicht nur dazu da, zwischen Hell und Dunkel zu unterscheiden, sondern auch für die Flimmerverschmelzungsfrequenz (FVF, englisch: *Flicker Fusion Frequency*) zuständig. Dies ist die Frequenz, bei der eine Folge von Lichtreizen als ein kontinuierliches, flickerfreies Bild wahrgenommen wird. Bei Menschen beträgt diese etwa 60 Reize (Bilder) pro Sekunde, beim Hund ist sie mit etwa 80 Reizen pro Sekunde eine Ecke höher. Das bedeutet letztendlich ein größeres zeitliches Auflösungsvermögen. Daher können Hunde beispielsweise einen fliegenden Ball oder ein geworfenes Stöckchen besser wahrnehmen als wir Menschen. Man schätzt, dass Hunde Bewegungen zehnmal besser als wir erkennen können. Aber mehr als eine begründete Annahme ist das mangels genauerer Untersuchungen am Hund leider noch nicht.

Foto: Shane N. Cotee/Shutterstock.com

5.2 Der Ton macht die Musik: Hörsinn

In Kürze: Wie schon im vorherigen Kapitel für den Sehsinn angesprochen, fußt die fabelhafte Entwicklung des Säugetiergehörs auf der notgedrungen speziellen Lebensweise im urzeitlichen Dinosaurierwald und die Besetzung der ökologischen Nische „Nacht“ durch die kleinen Säuger. Die biologischen Spuren sieht man noch heute, nämlich bei der Entwicklung der Sinnesorgane, insbesondere des Hörens inklusive hoher Hörfrequenzbreite, Hörempfindlichkeit und Richtungshören. Das Hören war für die Nachttiere der einzige verlässliche Fernsinn. Dazu wurde das Hörorgan während der Evolution anatomisch und physiologisch hervorragend ausgestattet. Das Riechen funktioniert nur in der Nähe gut, in der Ferne nur bei geeigneter Windrichtung (windabwärts). Ein Räuber (Prädator), der sich mit Blick auf die Beute gegen den Wind anschleicht, kann olfaktorisch kaum wahrgenommen werden. Sehen, Schmecken und Tasten sind klassische Nahsinne, die zwar

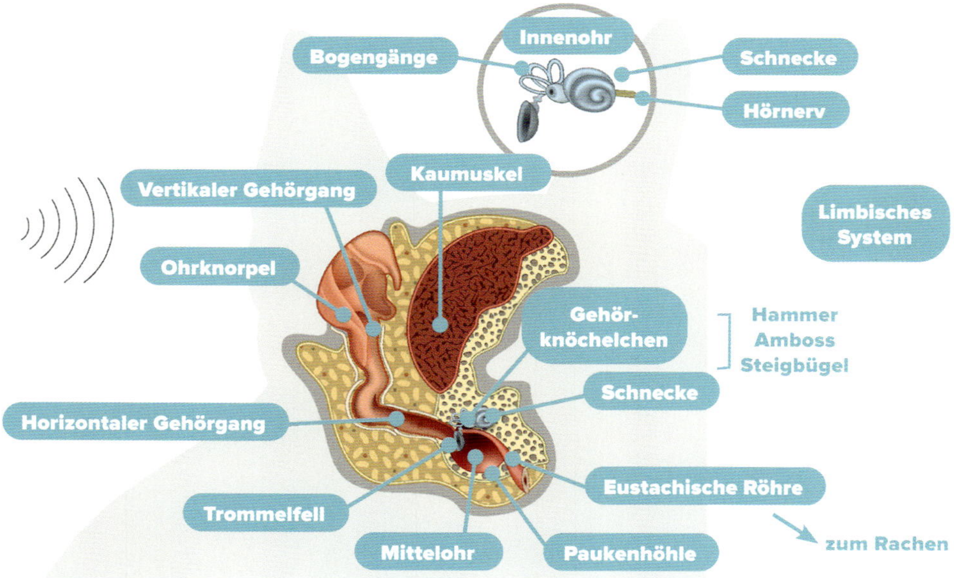

Anatomie des Ohrs (schematisch). Im Gegensatz zum menschlichen Gehörgang ist der Gehörgang beim Hund um ca. 90 Grad abgewinkelt. Das verdichtet die Schallwellen, wirkt also sozusagen als Verstärker. Ein Nachteil ist, dass die Einsicht z.B. wegen Fremdkörpern, die sich in Richtung Trommelfell bewegen, ohne spezielle Instrumente nicht möglich ist

Quelle: Designifty/Shutterstock.com, modifiziert

Gut geschützt vor dem Eindringen von Grannen in den äußeren Gehörgang genießt Nelly weiterhin uneingeschränkte Schnüffelfreiheit auf Wiesen, Wegen und in den Büschen.

Quelle: Britta Maatz (links), Professional/Shutterstock.com (rechts)

unentbehrlich sein können, aber eben nicht für die Ferne geeignet sind.
Die Anatomie des Hundeohrs besteht aus drei hintereinander angeordneten Abschnitten. Neurobiologisch beherbergt das Organ Ohr zwei sensorische Systeme: das auditorische (Hörsinn) und das vestibuläre (Gleichgewichtssinn) (Cole 2010). Das vestibuläre System wird in Kapitel 6 näher beschrieben. Von außen nach innen besteht das Hundeohr aus der Ohrmuschel und dem äußeren Gehörgang (Außenohr), dem Mittelohr und dem Innenohr.

Außenohr. Das Außenohr beziehungsweise die Ohrmuschel wird durch Knorpel stabil gehalten, der an der Öffnung des äußeren Gehörgangs trichterartig geformt ist. Diese Knorpel ziehen sich bis in den Gehörgang hinein und unterstützen die Schallleitung von außen zum Trommelfell. Der Gehörgang beginnt erst vertikal und geht dann in einen horizontalen Teil über. Dieser Verlauf hat den Nachteil, dass sich nach der Grasblüte immer wieder Grannen darin verfangen können, die im Gehörgang schwer zu entdecken sind.
Die Grannen können die Hunde echt nerven, weil sie sie nicht loswerden und auch zu Entzündungen und Verletzungen des Trommelfells führen.
Grundsätzlich hat sich die Natur eine Menge einfallen lassen, als sie sich die Ohrmuscheln ausdachte. Dass so ein Trichter am Kopf für das Hören vorteilhaft ist, kann jeder selbst leicht überprüfen. Man lege einfach eine Hand als Trichter

Die Lauscher aufgesperrt ....

Quelle: Natee K Jindakum/Shutterstock.com

Unterschiedliche Ohrstellungen beim Hund: Steh-, Klapp- und Hängeohren. Quelle: AlinArt/Shutterstock.com

hinter eine Ohrmuschel. Es ist sehr wahrscheinlich, dass man mit dieser hinter dem Ohr besser hört. Und wenn man in der Küche, im Keller oder sonst wo einen Trichter findet und sich den ans Ohr hält, hört man damit vermutlich noch etwas besser als mit der Hand hinter dem Ohr. Der Hund braucht keine Hand oder Ähnliches, er hat per se mit der Ausbildung der ursprünglich trichterförmig geformten Ohrmuschel ein optimales Werkzeug, um Schall zu orten und einzufangen. Häufig ist sie spitz ausgezogen und wird daher mit dem lateinischen Wort für Feder, Flügel oder Flosse auch *Pinna* benannt und bezieht sich im Ursprungssinn auf Stehohren (zum Beispiel Schäferhund). Die Ohrmuschel ist durch verschiedene äußere Ohrmuskeln beweglich, sodass sie zur Schallortung ohne Kopfbewegung eingesetzt werden kann. Beim Hund finden wir 17 verschiedene Muskeln für die Bewegung der Ohrmuschel, beim Menschen sind es nur sechs. Die Behaarung innerhalb der Ohrmuschel reflektiert Schallwellen und fördert das die Bündelung im äußeren Gehörgang. Laut Literatur verbessert der *Pinna*-Trichtereffekt die Hörsensitivität um bis zu 28 Dezibel, vor allen Dingen für höhere Frequenzen (Barber et al. 2020). 28 Dezibel ist in etwa der Lautstärkeunterschied zwischen leiser und lauter Gesprächslautstärke. Die Beweglichkeit des menschlichen Ohres (wenn man sie überhaupt hat) ist dagegen funktionell ohne Bedeutung. Hunde können über ihre Ohrmuscheln beide Ohren unterschiedlich ausrichten und somit ihre „Trichter“ wie Richtmikrofone einsetzen. Die beiden Hirnhälften können die Umweltinformationen getrennt auswerten, vergleichen, bewerten und somit zu einer exakten Ortung eines Objekts gelangen. Die Wahrnehmung von Richtungen (Lokalisation) und das Hören in eine bestimmte Richtung (Cocktailparty-Effekt, siehe unten) wird zum einen durch die „Verrechnung“ der Information beider Ohren erreicht. Hierzu

nutzt das Gehirn Laufzeitunterschiede und Pegelunterschiede zwischen beiden Ohren, wobei auch der Ohrabstand eine Rolle spielt. Zum anderen erfolgt Richtungshören auch über ein einzelnes Ohr durch die Verrechnung der richtungsabhängigen Filterung des Schallspektrums an Ohrmuschel und äußerem Gehörgang. Das einohrige Richtungshören ermöglicht zudem die Lokalisation in oben – unten und vorne – hinten. Auch wenn es widersprüchlich erscheint: Hängeohren stehen in der Hörfähigkeit den Stehohren nicht viel nach. Anscheinend hat die Natur durch geschickte Anpassung doch noch genügend Kompensationsmöglichkeiten gelassen.
Die Ohren bedeuten für den Hund nicht nur Hören *at its best*. Es kommt noch etwas Wichtiges dazu, was primär nichts mit dem Hören zu tun hat. Um sich ihrer Umwelt lautlos mitzuteilen, benutzen Hunde zwei verschiedene Arten der Kommunikation: Gestik und Mimik. Die Gestik eignet sich besonders zur Verständigung über größere Distanzen, da sie bereits von Weitem erkennbar ist, zum Beispiel Veränderungen der Körpersilhouette, Kopfstellung, Rutenhaltung. Die Mimik vermittelt besonders in der Nahdistanz in der Kommunikation über Blick, Schnauze oder Fellbewegungen wichtige Informationen. Zusätzlich zum Gesichtsausdruck sind die Ohren in hohem Maße an der Mimik der Hunde beteiligt. Sind sie nach hinten gerichtet, bedeutet das beispielsweise „Ich unterwerfe mich". Hoch aufgerichtet zeigen sie dagegen Überlegenheit an. Bei Hunden mit Hängeohren sind die Zeichen der Ohren für uns nicht so deutlich zu erkennen, aber für den Hund mag das ganz anders sein, denn es werden die gleichen Muskeln bewegt wie bei Tieren mit stehenden Ohren. Der Mensch muss nur genauer hinsehen. Am Rande soll erwähnt werden, dass bei vielen Hunden die Oberfläche der Ohren eine wichtige Funktion bei der Wärmeabgabe hat, denn sie ist stark durchblutet. Blut transportiert Wärme und kühlt sich an der Körperoberfläche ab. Große Ohren sorgen für eine große Körperoberfläche – bieten also viel Platz zum Kühlen.

Mittelohr. Das Mittelohr besteht aus dem Trommelfell, einer luftgefüllten Paukenhöhle und drei Gehörknöchel-

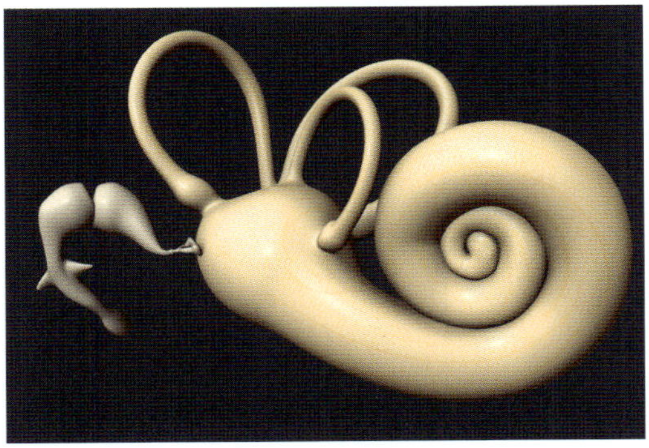

Modell des Mittel- (Gehörknöchelchen: Hammer, Amboss, Steigbügel) und Innenohres (Schnecke) mit den drei Bogengängen des Vestibularsystems.

Quelle: sciencepics/Shutterstock.com

chen. Die Gehörknöchelchen sind drei winzige Knochen, die als Hammer, Amboss und Steigbügel bezeichnet werden und gelenkig miteinander in Kontakt stehen. Der Hammer seinerseits ist mit dem Trommelfell verbunden, während der Steigbügel am ovalen Fenster des Innenohrs sitzt. Hammer, Amboss und Steigbügel bilden die sogenannte Gehörknöchelchenkette, die den vom Trommelfell aufgenommenen Schall verstärkt und zum Innenohr leitet. Am Trommelfell sitzt ein winziger Muskel (wahrscheinlich der kleinste im Körper), der die Aufgabe hat, die Spannung des Trommelfells je nach Lautstärke zu verändern. Ihm hilft der sogenannte Steigbügelmuskel. Beide zusammen können entweder große Lautstärken dämpfen oder die Wahrnehmung von leisem Schall verbessern. Wenn das Trommelfell stärker gespannt ist, prallen mehr Schallwellen von ihm ab und werden nicht in die Hörschnecke weitergeleitet. Bei geringerer Lautstärke werden die Schallwellen leichter weitergeleitet. Aber Achtung! Diese beiden Muskeln am Trommelfell können plötzliche Schallereignisse wie einen Böllerknall, einen Schuss, einen Türknall oder den Knall mit einer aufgeblasenen Brötchentüte nicht kompensieren. Dazu arbeiten sie viel zu langsam und da die Dauer eines Knalls so kurz ist, können Schutzmechanismen vom Ohr nicht reagieren. Durch extrem hohe Schallpegel kann das Ohr, insbesondere das Innenohr, innerhalb weniger Tausendstelsekunden geschädigt werden.
Je nach Dauer, Begleitumständen und Intensität des Lärms kann das auch beim Hund zu einem Knalltrauma führen, potenziell mit allen psychischen Folgen, die auch vom Menschen bekannt sind. Leider ist diese Erkrankung beim Hund schwierig zu diagnostizieren und vor allem zu therapieren.
Beim Menschen beträgt die Trommelfellfläche ungefähr 68 bis 90 Quadratmillimeter, beim Hund liegt sie je nach Körpergröße zwischen 30 und 63 Quadratmillimetern. Zum Vergleich: Die Fläche einer Ein-Cent-Münze beträgt 207 Quadratmillimeter. Die hinter dem Trommelfeld liegende Paukenhöhle ist mit der Außenwelt über die Eustachische Röhre (Ohrtrompete) verbunden. Sie ist die Verbindung vom Mittelohr zum Nasen-Rachen-Raum. Beim Menschen misst sie etwa vier Zentimeter, beim Hund ist sie etwa 1,5 Zentimeter lang. Über diese Verbindung findet der Druckausgleich zwischen der Paukenhöhle und der Außenluft statt. Das Innenohr liegt in der Felsenbeinpyramide (Teil des Schläfenbeins) und grenzt an die Wand der Paukenhöhle an, mit der es über das ovale und das runde Fenster verbunden ist. Hier befinden sich das eigentliche Hörorgan und das Gleichgewichtsorgan. Das runde Fenster wird von einer dünnen Membran bedeckt und dient seinerseits dem Schwingungsausgleich zwischen dem Innen- und Mittel-

ohr, denn hier laufen die durch die Hörschnecke gewanderten Frequenzwellen aus. Das ovale Fenster wird auch von einer dünnen Membran bedeckt (circa zwei Quadratmillimeter), in die die Fußplatte des Steigbügels eingepasst ist. Durch die Mechanik der Gehörknöchelchen und Schwingungen der Fußplatte werden die auf das Trommelfell auftreffenden Schallwellen in das Innenohr weitergeleitet und dabei etwa 22-fach verstärkt. Beim Hund ist der Effekt der Hebelwirkung noch stärker ausgeprägt und trägt damit zu einer gesteigerten Schallsensibilität bei.

Anatomie des Innenohrs. Das Innenohr besteht aus der Hörschnecke (Cochlea) und dem Gleichgewichtsorgan (Kapitel 6). Die Schnecke ist im Prinzip ein Gang, der sich aus Platzgründen einige Male um seine Achse windet. Sie ist für die Hörempfindung zuständig und teilt sich in drei unterschiedliche Gänge: die Vorhoftreppe (*Scala vestibuli*) oben, den Schneckengang (*Ductus cochlearis*) mittig und die Paukentreppe (*Scala tympani*) unten. Der Schneckengang ist aus funktionellen Gründen mit einer anders zusammengesetzten Lymphe (Endolymphe) gefüllt als die darüber und darunter liegenden Gänge (Perilymphe). Lymphe ist so ähnlich zusammengesetzt wie Blutplasma, eine wässrige, leicht milchig getrübte Körperflüssigkeit mit einer gewissen Viskosität. Der Schneckengang und die Paukentreppe sind durch die Basilarmembran voneinander getrennt, die Vorhoftreppe und der Schneckengang durch die Reissner-Membran. Auf der Basilarmembran erfolgt die eigentliche Umwandlung der Schallreize. Dort befindet sich das Corti'sche Organ, das beim Menschen um die 11.000 bis 15.000 Haarzellen aufweist (Barber et al. 2020). Die Haarzellen greifen mit ihren Spitzen (Stereovilli) in die Tektorialmembran. Wird nun die Basilarmembran durch Schwingungen ausgelenkt, knicken die Spitzen der Haarzellen mehr oder weniger stark ab und es entsteht ein elektrischer Reiz. Die Funktion des Corti' schen Organs wird weiter unten noch genauer besprochen. Die Cochlea verlässt der Hörnerv, der die Haarzellen über Nervenfasern anschließt, in Richtung Gehirn zur Hörrinde. Bei ihm handelt es sich nicht wie bei anderen Nerven um einen einzelnen Nervenstrang, sondern um einen Zwillingsnerv. Er besteht aus dem *Nervus cochlearis* und dem *Nervus vestibularis*. Der *Nervus cochlearis* ist der eigentliche Hörnerv, während der *Nervus vestibularis* der Gleichgewichtsnerv ist.

Cochlea und Vestibularapparat sind zwar anatomisch quasi wie Siamesische Zwillinge auf engstem Raum angeordnet, haben aber funktionell nichts miteinander zu tun. Im Gleichgewichtsorgan dienen verschiedene Sensoren der Wahrnehmung von linearen Beschleunigungen (einschließlich der Fallbe-

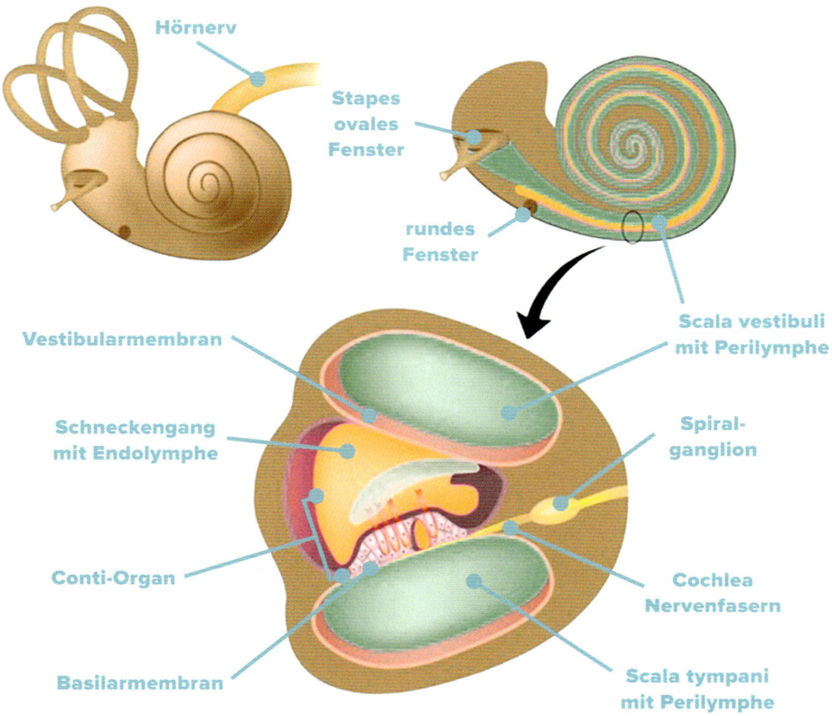

Innenohr-Anatomie der Cochlea (Hörschnecke). Der Hörnerv (Nervus cochlearis) ist der Nerv, der Hörinformationen von der Hörschnecke zum Gehirn überträgt. Der Steigbügel (Stapes) überträgt die Hörfrequenz aus dem Mittelohr über die Membran des ovalen Fensters in das Innenohr auf die Scala vestibuli (Vorhoftreppe). Die Scala tympani ist die Paukentreppe, die am runden Fenster endet. Das rundes Fenster dient dem Schwingungsausgleich. Die Energie der hier aus dem Innenohr einlaufenden Schallwellen wird an das Mittelohr abgegeben. Das Corti-Organist der eigentliche Sitz des Gehörsinnes. Es ist ein System aus Sinnes- und Stützzellen, sowie Nervenfasern, die im Spiralganglion umgeschaltet werden. Die für die Schallwahrnehmung verantwortlichen Sinneszellen des Corti-Organs werden Haarzellen genannt. Vestibular- und Basilarmembran trennen den Schneckengang mit der Endolymphe ab. Durch die unterschiedliche Zusammensetzung von Endolymphe und der in den angrenzenden Hohlräumen der Hörschnecke befindlichen Perilymphe besteht eine elektrische Spannungsdifferenz zwischen Schneckengang und Vorhoftreppe bzw. Paukentreppe. Diese Spannungsdifferenz liefert die Energie für die Umwandlung der Schallwellen zu Nervenimpulsen im Corti-Organ.

Quelle: Alila Medical Media/Shutterstock.com, modifiziert

schleunigung) und Winkelbeschleunigungen. Es ist bei den meisten Säugetieren wie Mensch und Hund das wichtigste Gleichgewichtsorgan. Es ist der zweite Sinn unseres Ohres.

Funktion des Innenohrs. Die mit einer Flüssigkeit gefüllte, spiralförmige Hörschnecke enthält an ihrer oberen Seite tausende mikroskopisch kleine, hochsensible Nervensinneszellen mit Zilien, winzigen, fingerförmigen Ausstülpungen der Zellmembran. Diese erinnern an Stoppelhaare und die Zellen verdanken ihnen ihren Namen. Haarzellen sind die Rezeptorzellen, die für die Umsetzung der Schallschwingungen verantwortlich sind und sie in elektrische Signale übersetzen, die das Gehirn lesen und auswerten kann. Entlang des Corti'schen Organs findet man eine Reihe innerer Haarzellen und drei Reihen äußerer Haarzellen. Das Corti'sche Organ liegt inmitten des Innenohrs und ist Teil der Hörschnecke (*Cochlea*). Als wichtigster Teil des Innenohrs ist die Cochlea vom sehr harten Felsenbein-Knochen, dem härtesten Knochen bei Mensch und Hund, umgeben und gut geschützt.
Wie schon für die Fotorezeptoren beschrieben, gibt es auch im Innenohr nicht die eine „Universal-Hörzelle“, die

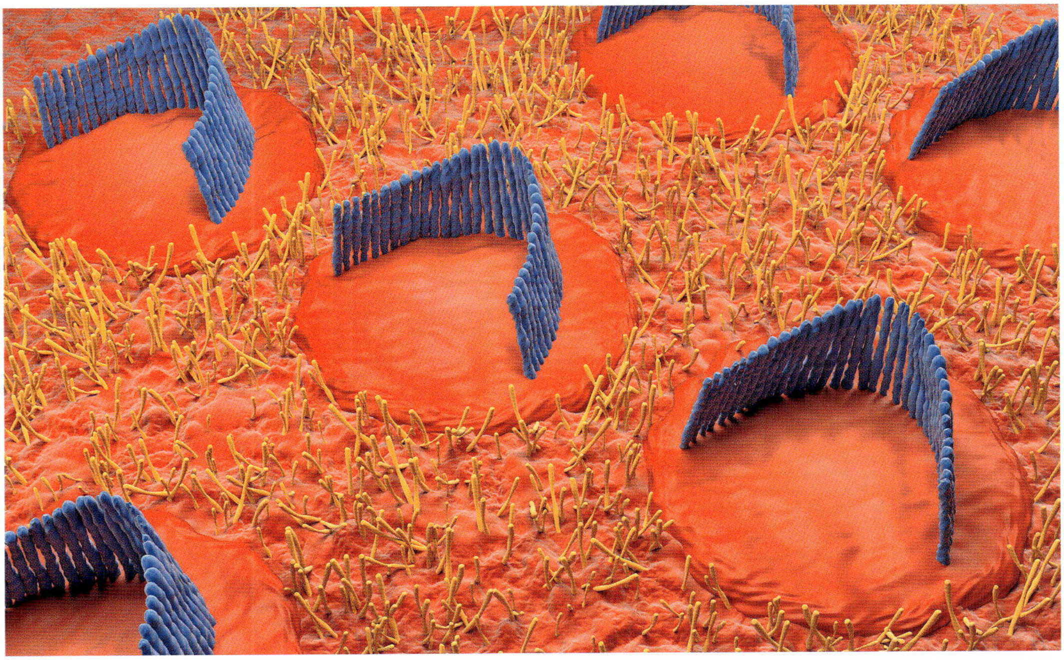

Äußere Haarzellen im vestibulären System. Die Zilien jeder Haarzelle (Durchmesser ca. 10 Mikrometer) sind wie Palisaden angeordnet (3D Illustration) Quelle: Nemes Laszlo/Shutterstock.com alle Schallfrequenzen wahrnehmen kann. Auch hier ist Spezialistentum gefragt. Gemeinsam haben aber Hörzellen, dass sie am oberen Ende Stereozilien ausbilden, welche ihre Auslenkung in entsprechende Ströme umwandeln: wenig Auslenkung, wenig Membranstrom – viel Auslenkung, viel Membranstrom. Der untere Teil einer Haarzelle ist über eine Synapse innerviert und mit dem Gehirn verbunden. Die Nerven der inneren Haarzellen senden Informationen zum Gehirn hin (afferente Erregungsleitung), wohingegen die Nerven der äußeren Haarzellen Informationen vom Gehirn empfangen (efferente Erregungsleitung). Die inneren Haarzellen sind die eigentlichen Hörsinneszellen. Die Haarzellen an der Spitze der Cochlea sind für die tiefen Töne, die am Eingang der Hörschnecke für die hohen Töne zuständig. Die äußeren Haarzellen reagieren auf Veränderungen des Membranstroms mit einer Änderung ihrer Zelllänge (Elektromotilität). Es gibt überzeugende Hinweise, dass diese Art von Zellformänderung die Grundlage der mechanischen Verstärkung in der Cochlea bildet. Der nervale Einfluss des Gehirns ist fähig, die Elektromotilität zu beeinflussen, folglich ist das Gehirn auch fähig, die Verstärkung zu kontrollieren. Die menschliche Cochlea besitzt ungefähr 3.500 innere Haarzellen. Die Anzahl an äußeren Haarzellen wird mit 11.000 bis 15.000 angegeben. Nach Messungen

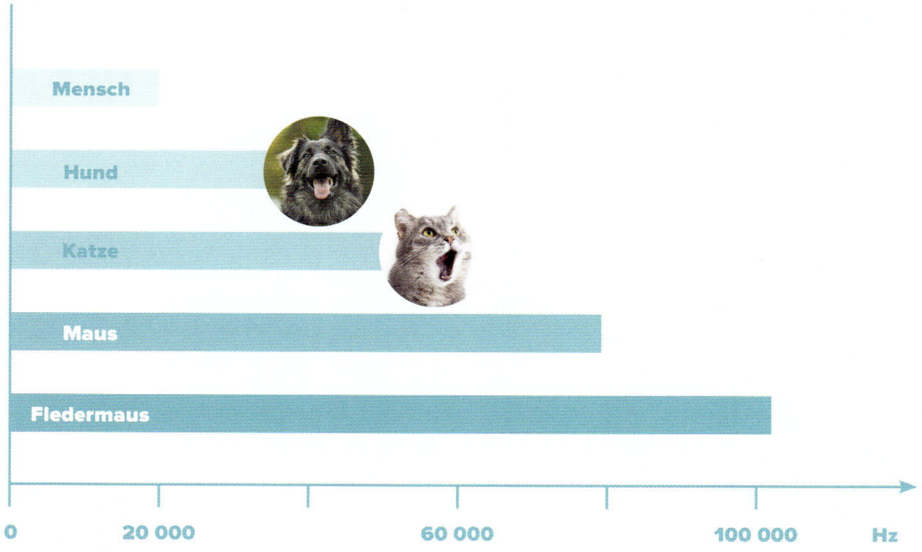

Hörbereich: Mensch, Hund, Katze, Maus und Fledermaus im Vergleich.

Quellen: kunclova/Shutterstock.com (Hund); Ekaterina Kolomeets/Shutterstock.com (Katze)

beim Hund kann man von Zahlen in ähnlicher Größenordnung ausgehen (Barber et al. 2020). Trotz nahezu gleicher Anzahl an Haarzellen weist die längere Schnecke beim Hund mit ihren 3 bis 3,5 Windungen (Malkemper et al. 2020) auf ein besseres Hörvermögen gegenüber dem des Menschen hin (2,5 bis 2,75 Windungen) (Barber et al. 2020). Das bietet dem Hundeohr schon allein anatomisch mehr Möglichkeiten, den empfangenen Frequenzstrauß weiter auszubreiten. So beträgt der Hörbereich bei einer Lautstärke von 60 Dezibel (normale Gesprächslautstärke bis Toilettenrauschen) von 15 bis 45.000 Hertz (in einigen Studien bis 65.000 Hertz) gegenüber dem des Menschen von 30 bis 20.000 Hertz.

Um gehört zu werden, müssen die empfangenen Schallschwingungen eine bestimmte Intensität in einem definierten Frequenzbereich erreichen, denn vom gesunden Ohr werden wie gerade angesprochen nur Schallwellen mit einer Frequenz zwischen 30 und maximal 20.000 Hertz wahrgenommen. Frequenzen, die darunter oder darüber liegen, können im Innenohr des Menschen keine Schallempfindungen mehr oder noch nicht auslösen. Am empfindlichsten ist das Ohr im Bereich zwischen 300 und 5.000 Hertz. Diese Frequenzen können wir am besten hören, denn dort liegt auch der Frequenzbereich der menschlichen Sprache. Der gesamte Frequenzbereich der menschlichen Stimme mit allen Unter- und Obertönen beträgt etwa 80 Hertz bis immerhin 12.000 Hertz. In diesem Frequenzspektrum befinden sich Frequenzabschnitte, die für die Sprachverständlichkeit, die Erkennbarkeit der Vokale und Konsonanten sowie Brillanz und Wärme der Stimme eine Rolle spielen. Viele Frequenzen der beim Menschen so beliebten Musik fallen ebenfalls in den Sprachfrequenzbereich. Hunde reagieren besonders positiv auf Tonfrequenzen, die bei 400 Hertz liegen (übrigens beträgt der Standardkammerton 440 Hertz). Um einen Eindruck zu vermitteln, den Sie kennen: Das deutsche Telefon-Freizeichen liegt ungefähr bei 425 Hertz und sehr viele akustische Instrumente sind ebenfalls hier angesiedelt. Wenn der Hundeführer mit tiefer sonorer Stimme erfolglos ein Kommando gibt und beim Hund anschließend Ratlosigkeit herrscht, sollte er überlegen, die mögliche Kommandowiederholung nicht etwa lauter auszuposaunen, sondern es bei gleicher Lautstärke mit höherer Stimmlage versuchen. Vielleicht wirkt das dann besser. Männer sprechen im Durchschnitt mit einer Grundtonfrequenz von 125 Hertz, bei den weiblichen Stimmen sind es immerhin 250 Hertz, das findet das Hundegehör angenehmer. Jedoch für Herrchen als auch Frauchen gilt gleichermaßen: charakteristische Ausprägungen im Laut- und Frequenzbereich erzeugen die unterschiedlichen und wiedererkennbaren Sprachmerkmale.

Mache ich alles richtig?

Foto: Jus_Ol/Shutterstock.com

Tiefe Töne: Infraschall. Infraschall ist Schall, dessen Frequenz unterhalb des menschlichen Hörvermögens liegt, also unterhalb von 20 bis 30 Hertz. Infraschall kommt überall in der natürlichen Umgebung vor, wird aber auch künstlich erzeugt, beispielsweise im Verkehrswesen oder durch technische Geräte. In Bezug auf den Hund, der bekanntlich vom Wolf abstammt, war die Wahrnehmung von Infraschall in der Evolution eher keine besonders große Notwendigkeit beziehungsweise treibende Kraft für evolutionär getriebene Anpassungen. Dennoch können der Hund und manche Tiere wie etwa Elefanten, Giraffen und Blauwale Schall in einem Teil dieses Frequenzspektrums wahrnehmen und sie nutzen diese Laute sehr wahrscheinlich auch zur Kommunikation. Besonders Infraschallwellen sehr tiefer Frequenz breiten sich gut über große Entfernungen aus. Im Wasser haben Infraschallwellen eine besonders hohe Reichweite. Es ist anzunehmen, dass auch Hunde auf für uns nicht wahrnehmbaren Infraschall reagieren und dass dieser physiologische Körperreaktionen wie Atemfrequenz-, Blutdruck- und Verhaltensänderungen beeinflussen kann. Leider ist für den Hund diesbezüglich nicht viel bekannt. In Kapitel 8 im Zusammenhang mit „Sechster, siebter, achter … Sinn?“ wird dieses Thema noch einmal aufgegriffen.

Hohe Töne: Ultraschall. Als Ultraschall bezeichnet man Schall mit Frequenzen oberhalb des Hörfrequenzbereichs des Menschen, er umfasst Frequenzen ab 20 Kilohertz bis sagenhafte 10 Gigahertz. Hunde können vor allem hohe Töne besser als wir wahrnehmen. Als Grund wird vermutet, dass Wölfe, die Vorfahren unserer Hunde, dadurch besser in der Lage waren und sind, die „Piepsgeräusche“ (Größenordnung 30 Kilohertz und aufwärts) von Nagetieren zu hören, welche zu ihren Beutetieren zählen. In der Hundeerziehung kann die Fähigkeit des Hörens sehr hoher Töne ausgenutzt werden, indem eine Hundepfeife zum Einsatz kommt. Während Menschen diesen Ton kaum mehr oder gar nicht wahrnehmen können, ist dies für Hunde kein Problem. Das heißt aber auch, dass so manches technische Gerät, dass wir für „still“ halten, sich für den Hund hörbar und vielleicht störend darstellt. Vor diesem Hintergrund halte ich als Tierphysiologe die Diskussion (Deutscher Tierschutzbund 01/2020 http://intern.tierschutzbund.de/wp-content/uploads/2020/08/Einsatz-von-Ultraschallger%C3%A4ten-bei-Hund-und-Katze.pdf) über den Einsatz von Ultraschallgeräten zur Hundeerziehung oder -abwehr (aber auch für andere Tiere) für durchaus berechtigt. Die Schweizer Tierschutzverordnung verbietet die Verwendung von Geräten, die für den Hund sehr unangenehme Signale aussenden.
In Deutschland ist das bislang nicht der Fall.

Cocktailparty-Effekt und Richtungshören. Der Cocktailparty-Effekt bezeichnet ursprünglich die Fähigkeit des menschlichen Gehörsinns, bei Anwesenheit mehrerer Schallquellen die Schallanteile einer bestimmten Schallquelle aus dem Gemisch des Störschalls zu extrahieren. Zum Beispiel ist das Gehör auf einer Cocktailparty, wo viele Menschen gleichzeitig sprechen, in der Lage, besonders die Worte eines einzelnen Sprechers wahrzunehmen und die der anderen zu unterdrücken. Der Cocktailparty-Effekt ist ein binauraler Effekt, das heißt er funktioniert nur zufriedenstellend bei beidohrigem Hören. Der Effekt beschreibt die Fähigkeit des Menschen, während einer Unterhaltung, der man seine Aufmerksamkeit schenkt, umgebende Geräusche aus dem Bewusstsein auszublenden. Erstaunlich ist dabei, dass die umgebenden Geräusche auf einer unbewussten Ebene dennoch registriert und ihrer Bedeutung nach ausgewertet werden. Fällt zum Beispiel in einer nahen Gesprächsgruppe der eigene Name, so wird sich dieses Ereignis schnell den Weg ins Bewusstsein bahnen. Die Verarbeitung von Sinnesreizen geht also weit über die elektrisch-physikalischen Ereignisse in der Cochlea des Ohrs und in Gehirnnervenzellen hinaus. Die Signalverarbeitungsstrategien des menschlichen Gehörs und des Gehirns für ein solches Phänomen sind leider sehr komplex und immer noch nicht vollständig entschlüsselt.

Der Cocktailparty-Effekt ist eng mit der Fähigkeit zur Lokalisation von Schallquellen verbunden. Hat das Gehör die Richtung einer Schallquelle festgestellt, ist es auch in der Lage, die Schallanteile dieser Richtung von Teilen aus anderen Richtungen zu unterscheiden. Auch Hunde beherrschen selektive Wahrnehmung. Hundeohren sind sehr beweglich, sodass der Vierbeiner sein Gehör wie eine Art Radarantenne in die Richtung des Geräuschs lenken kann, welches er gerade hört. Menschen haben diese Fähigkeit nicht, weshalb sie nur mit einer Erfolgsquote von 85 Prozent bestimmen können, woher ein Geräusch tatsächlich kommt. Hunde sind diesbezüglich erfolgreicher und das ist für den Hundehalter durchaus praktisch. Sein Hund kann auf diese Weise Grundkommandos, Clickertraining-Laute und Co. genau hören, auch wenn er seinen Menschen selbst gerade nicht sieht. Darüber hinaus besitzen Hunde ähnlich wie wir die Fähigkeit, ihr Gehör selektiv einzusetzen, das heißt sie können unwichtige Hintergrundgeräusche ausblenden und werden erst aufmerksam, wenn ein Laut, Ton oder Ruf sie betrifft oder ungewohnt ist und ihre Aufmerksamkeit verlangt. So kann es sein, dass ein Hund sich vom laufenden Fernseher absolut nicht bei seinem Nickerchen stören lässt, doch sobald er den Kühlschrank oder die Haustür hört, ist er hellwach. Das funktioniert allerdings nur, wenn der Hund weiß, dass dieses Geräusch ihn betrifft

Der Cocktail-Partyeffekt ermöglicht dem Hund selektives Hören. *Quelle: rosemaryandpine/Shutterstock.com*

und in der Regel eine positive Bestätigung bedeutet.
Unter dem Richtungshören versteht man die Fähigkeit der Ohren und des Gehirns, die Richtung ankommender Schallwellen von links und rechts zu differenzieren (binaurales Hören). Das Ohr, das von einer Schallquelle abgewandt ist, ist von dieser Schallquelle weiter entfernt.
Aus diesem Grund benötigen die Schallwellen eine etwas längere Zeit, um das Ohr zu erreichen. Spezialisierte Nervenzellen im Hirnstamm detektieren diese Laufzeitdifferenzen, wobei der Mensch noch Unterschiede von circa 0,5 Millisekunden wahrnehmen kann (Laufzeitunterschied). Eine wichtige Rolle beim binauralen Hören spielt ebenfalls die Tatsache, dass Schallwellen beim abgewandten Ohr leiser ankommen. Bei Tönen mit einer Frequenz von mehr als 500 Hertz können Schalldruckdifferenzen zwischen beiden Ohren von etwa einem Dezibel wahrgenommen werden (Lautheitsunterschied). Diese Intensitätsdifferenzen werden ebenfalls im Hirnstamm ausgewertet. Auch die Ohrmuschel trägt zum Richtungshören bei. Abhängig von der Richtung des Schalls kommt es zu Verzerrungen, die von den oben genannten Strukturen des Gehirns erfasst werden. Auf diese Art und Weise wird festgestellt, ob ein Geräusch von vorne oder hinten oder von oben oder unten kommt. Im Allgemeinen geht man davon aus, dass das Richtungshören bei Hunden wesentlich besser als bei uns funktioniert. In einem Versuch, bei dem in einem Kreis viele Schallquellen gleichmäßig verteilt aufgestellt wurden, konnte der Hund mit einer Abweichung von circa sechs Grad noch die aktive Schallquelle herausfinden. Unsere Ohren schafften es im selben Versuchsansatz nur auf etwa 90 Grad, ohne Fehler beim Richtungshören zu machen.

Geht es auch anders? Knochenleitung.
Als Knochenleitung bezeichnet man die Übertragung von Schall auf das Innenohr über den Knochen – unter Umgehung des Gehörgangs und des Mittelohrs. Auch Schädelknochen können Vibrationen empfangen und weiterleiten. Wenn man eine Schallquelle direkt auf den Schädelknochen aufsetzt, muss aber der Schallpegel um etwa 40 bis 50 Dezibel erhöht werden, damit die gleiche Lautstärkeempfindung resultiert. Prinzipiell geht es also auch über den Knochen. Die Knochenleitung spielt aber unter normalen Bedingungen wegen des hohen Schallwellenwiderstands des Schädelknochens gegenüber der Luftleitung nur eine kleine Rolle für die Schallwahrnehmung, wenn überhaupt eine. Das ist aber beim Hund nicht näher untersucht. Die Möglichkeit der Knochenleitung, insbesondere bei höherem Schalldruck bei Hunden, die sonst fast ertaubt sind, sollte aber nicht von vorherein ausgeschlossen werden.

«Ein Tag ohne Dufterlebnisse ist ein verlorener Tag.»

Zitat aus Ägypten

Foto: kanashi/Shutterstock.com

5.3 Dich kann ich gut riechen: Geruchssinn

In Kürze: Der Geruchssinn ist eine ziemlich alte Erfindung im Tierreich. Er ermöglicht das Wittern von Beutetieren, Raubtieren und Konkurrenten. Er erlaubt eine Einschätzung von Gefahrenquellen, das Finden von Sexualpartnern und durch Territorialmarkierungen sogar die Kommunikation mit anderen Individuen. Das Riechvermögen des Menschen ist nicht so stark ausgeprägt wie das des Hundes. Dennoch löst es emotionale Reaktionen aus: So kann der ekelige Geruch einer verdorbenen Speise vor

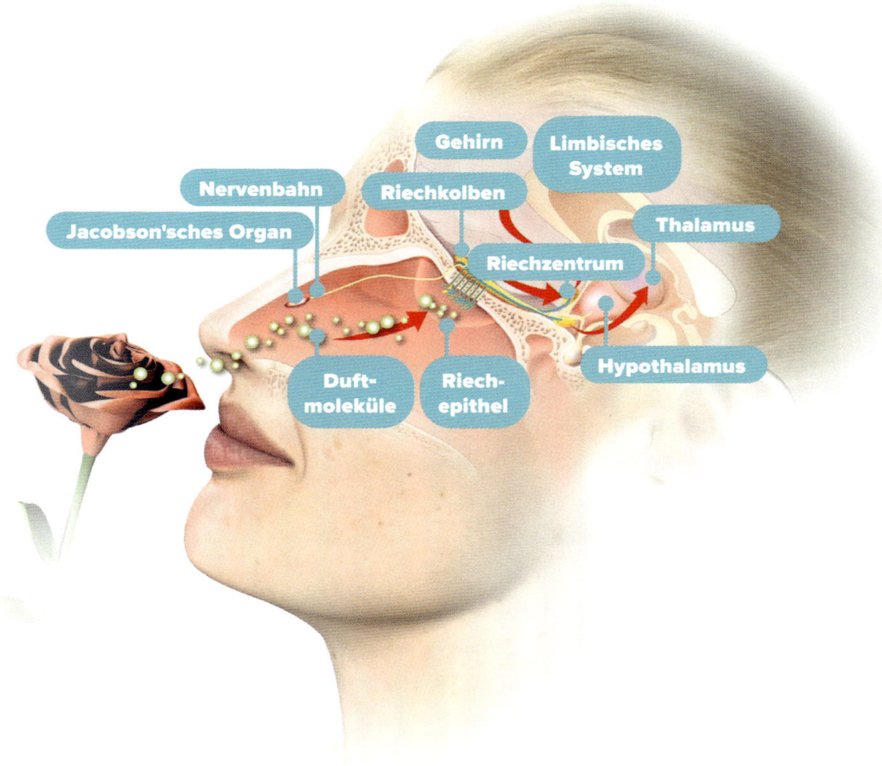

Von der Nase ins Gehirn – Der Weg vom Duftmolekül zur Geruchswahrnehmung. Duftmoleküle gelangen von außen durch den Nasengang zum Riechepithel. Dort induzieren sie Nervenimpulse, die sich aufteilen und zum Riechzentrum (bewusste Geruchswahrnehmung), Hypothalamus, Thalamus und Limbischen System (unbewusste Geruchswahrnehmung) ziehen. Nicht zuletzt sendet das Riechzentrum Fasern direkt zum Hippocampus (nicht gezeigt) im Gehirn, der die Gerüche im Gedächtnis verankert. Quelle: Superstar/Shutterstock.com, modifiziert deren Verzehr warnen, während der Duft einer Rose als angenehm empfunden wird. Auch für soziale Beziehungen spielen Gerüche eine wichtige Rolle. Man kann jemanden im wahrsten Sinn des Wortes „nicht riechen" heißt es, wenn man die Person nicht leiden kann. Welche Bedeutung das Riechorgan in unserem Leben hat, zeigen viele Redewendungen unserer Sprache: immer der Nase nach, einen guten Riecher haben, die Nase voll oder vorn haben, jemanden an der Nase herumführen, an die eigene Nase fassen.

Der Geruchssinn ist der einzige Sinn, für den sich extra eine eigene Hirnregion ausgebildet hat. Das Riechhirn ist ein Teil des Großhirns. Zentraler Bestandteil ist der Riechkolben (*Bulbus olfactorius*), der entwicklungsgeschichtlich viel älter ist als zum Beispiel der Neokortex, der stammesgeschichtlich jüngste Teil der Großhirnrinde. Der an Schmetterlingsfühler erinnernde Riechkolben sammelt die Informationen aus der Nase und leitet sie in die „Chefetage", die Riechrinde. Dort werden die Informationen ausgewertet und dann ins Großhirn weitergeleitet. Damit ist die Riechaufgabe der Riechrinde erledigt. Beim Menschen ist die Riechrinde mit dem Riechkolben relativ klein ausgebildet, beim Hund dagegen umfasst dieser Bereich circa zehn Prozent des gesamten Gehirns. Ähnlich wie die Augen kann die Hundenase rechts und links differenzieren. Somit können Hunde „Stereo" riechen und sind auf diese Weise unter anderem fähig, mehrere Fährten gleichzeitig zu verfolgen.

Aber jetzt kommen noch zwei wichtige Dinge dazu, an die man zunächst beim Stichwort „Riechen" nicht gleich denkt! Erstens liegen in der Riechrinde Teile der *Amygdala* (Mandelkern). Die *Amygdala* ist gleichzeitig ein Teil des limbischen Systems im Gehirn. Zusammen mit dem *Hippocampus* regelt diese Hirnregion emotionale Äußerungen, nämlich Gefühle wie Freude, Wohlbefinden oder Angst. Das heißt, dass das Riechen immer mit Gefühlen zu tun hat! Einen neutralen Geruch kann es nicht geben: Wenn etwas gerochen wird, wird es bewertet, verglichen, eingeordnet und gespeichert – wenn nicht, gibt es auch nichts einzuordnen. Zweitens ist das Riechhirn auf die Neubildung von Nervenzellen angewiesen, was bedeutet, dass das Gewebe regenerativ sein muss. Das ist eine große Ausnahme im Gehirn und kommt sonst nur noch im *Hippocampus* vor. Die Neoneurone bilden sich im Riechhirn und wandern dann entlang des Riechkolbens bis in die Nasenschleimhaut, wo sie als Basalzellen warten, bis sie zu neuen Sinneszellen werden. Das dauert für die einzelne determinierte Zelle etwa einen Monat. Das bedeutet, dass sich die olfaktorischen Sinneszellen nicht im Laufe des Lebens „verbrauchen", sondern jeweils ersetzt werden. Man schätzt, dass die Anzahl der auf diese Weise neu gebildeten Sinneszellen in

der Riechschleimhaut des Menschen bei ungefähr 10.000 täglich liegt. Für den Hund liegen leider keine verlässlichen Angaben vor, aber die Anzahl ist sicherlich sogar eher höher anzusiedeln.
Die Gesamtzahl der menschlichen Riechsinneszellen liegt in etwa bei 10 bis 30 Millionen, die jeweils auf ein bestimmtes Geruchsmolekül ansprechen, und das auf nur circa zehn Quadratzentimetern Fläche (linke + rechte Schädelhälfte je fünf Quadratzentimeter). Beim Hund ist die Gesamtfläche des Riechepithels imposante zehn- bis zwanzigmal so groß wie beim Menschen und beherbergt an die 300 Millionen Riechsinneszellen (125 Millionen beim Mops, 220 Millionen beim Schäferhund, jeweils Schätzwerte). Der Hund ist damit biologisch gesehen ein sogenanntes „Nasentier" und wird zu den Makrosmatikern (griechisch für „Großriecher") gezählt, während der Mensch als „Augentier" nur ein typischer Mikrosmatiker ist (griechisch: „Kleinriecher").
Laut verschiedener Angaben reicht das Riechvermögen des Hundes bis weit unter die Erdoberfläche: bis zu acht Meter tief bei geschlossenen Schneedecken und mehr als drei Meter in das Erdreich natürlicher Böden hinein.
Natürlich gibt es bezüglich des Riechvermögens riesige Unterschiede zwischen den Hunderassen. So müssen wir dabei zwischen einem Spitzenriecher wie dem Bloodhound und einem „Normalo" wie dem Mops unterscheiden, dessen Nase kaum ausreichend Luft zum Atmen durchlässt, was aber nicht heißen soll, dass kurzköpfige Hunde nicht auch gut riechen können. Besser als wir Menschen können sie es allemal.

Etwas genauer: Die Nase gliedert sich in einen äußeren und inneren Teil. Der vordere äußere Teil, den wir sehen

Lage wichtiger Strukturen des Riechsinnes im Hundekopf. **1** Respiratorische Nasenmuscheln, **2** Jacobson'sches Organ, **3** Olfaktorische Nasenmuscheln mit Riechepithel, **4** Riechkolben des Gehirns, **5** Siebplatte.

Quelle: JessicaMcGovern/Shutterstock.com, modifiziert

können, wird als Nasenspiegel oder Nasenschwamm bezeichnet. Es ist der aus Haut und Schleimhaut gebildete Bereich um die Nasenlöcher. Der Nasenspiegel ist unbehaart und deutlich gegenüber dem Fell in der Umgebung abgesetzt. Die Haut des Nasenspiegels ist durch feine Rinnen vertieft. Diese Rinnen schließen Bezirke mit einem Durchmesser von ein bis zwei Millimetern ein. Diese Felder enthalten Grübchen, sodass sie zusammen mit den Rinnen so etwas Unverwechselbares des Hundes bilden wie bei uns ein Fingerabdruck. Der Nasenspiegel ist

Nahaufnahme der Hautstruktur des Nasenschwammes.

Foto: PhotoRK/Shutterstock.com

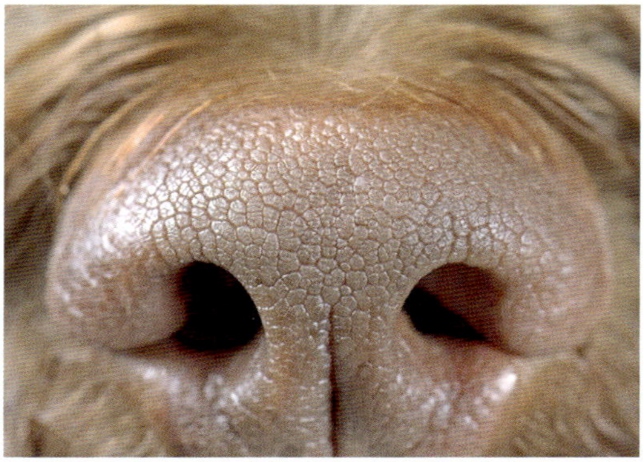

Der Nasenschwamm ist sehr tast-, temperatur- und schmerzempfindlich.

Foto: Jne Valokuvaus/Shutterstock.com

in der Mitte durch einen senkrecht über die Oberlippe verlaufenden Spalt geteilt. Nach außen hin sind die Nasenlöcher zu schmalen Schlitzen verengt. Das ermöglicht es dem Hund durch die vorderen Nasenlöcher einzuatmen und durch die seitlichen Nasenschlitze auszuatmen. So wird verhindert, dass während des Schnüffelns frontal nach vorne ausgeatmet wird, denn das würde Duftmoleküle wegpusten, die der Hund ja eigentlich gerade erschnüffeln möchte. Die innere Nase besteht aus dem, was wir beim Betrachten der Hundenase nicht sehen können. Zunächst sind die beiden Nasenhälften im Naseninneren durch eine Nasenscheidewand getrennt. Den Hohlraum hinter den Nasenlöchern bezeichnet man als Nasenhöhle. Sie wird von knöchernen Lamellen durchzogen, die mit Schleimhaut bedeckt sind. Diese „Nasenmuscheln" (Conchen) genannten Strukturen sorgen für eine größere Schleimhautoberfläche und strukturieren den Hohlraum der Nasenhöhle in verschiedene Ebenen. Bei uns Menschen sind diese Nasenmuscheln recht einfach aufgebaut. Beim Hund hingegen sind die Nasenmuscheln typisch für ein „Nasentier" sehr stark verzweigt und füllen fast die gesamte Nasenhöhle aus. Dadurch wird beim Hund einerseits die mit Schleimhaut bedeckte Oberfläche noch mal sehr stark vergrößert und andererseits auch der Luftstrom sehr viel feiner gelenkt als bei uns (Buzek et al. 2022). Das hat seinen Grund, denn Hunde können damit zwischen Atemluft und Schnupperluft differenzieren. Nach dem Einatmen wird die Luft im vorderen Bereich der Schnauze zunächst in den verwinkelten Gängen der Atemschleimhaut befeuchtet, angewärmt und so weit wie möglich von Partikeln befreit. Ein Großteil jedes Atemzugs wird anschließend durch den unteren Teil der Nasenhöhle hindurch in die weiterführenden Atemwege geleitet. Dieser Teil ist für die Aufnahme von Sauerstoff in der Lunge bei gleichzeitiger Abgabe von Kohlendioxid aus dem Stoffwechsel gedacht. Etwa zehn Prozent des eingesaugten Luftvolumens werden durch eine Passage im Nasendach durch eine Sackgasse hinter dem oberen Bereich der Nasenhöhle gelenkt, in der sich die Riechschleimhaut des Hundes befindet (Craven et al. 2010). Dieser Bereich ist sogar durch einen kleinen Knochenfortsatz des Schädels vom Atemteil der Nasenhöhle abgetrennt. Das ermöglicht Hunden, dass sich hier Geruchspartikel „setzen" und anreichern können. Beim Ausatmen und Reinigungsvorgang strömen viele Geruchspartikel ein zweites Mal über das Riechepithel. Damit kann die Geruchswahrnehmung noch einmal verstärkt werden. Dieser Mechanismus, den wir selbst nicht haben, spielt besonders bei niedrigen Geruchspartikelkonzentrationen eine wichtige Rolle.

Ein Mensch atmet bei einer Ruheatemfrequenz von 15 Atemzügen pro Minute am ganzen Tag mehr als 20.000-mal aus und ein – und jeder Atemzug, der etwa

Deutscher Schäferhund untersucht ein Gepäckstück. Foto: Yakobchuk Viacheslav/Shutterstock.com

0,5 Liter bewegt, trägt Millionen Duftmoleküle in seine Nase. Am Tag strömen so ungefähr 10.000 Liter Luft am Nasenepithel vorbei. Zwanzig Millionen Riechrezeptoren warten dort auf den Kontakt mit den „Schlüsselmolekülen". Damit können wir zwar nicht so viele Gerüche wahrnehmen wie ein Bloodhound, aber bei ausreichender Konzentration der Duftstoffe können wir in gewissen Bereichen ganz gut mithalten. Ein ruhender, erwachsener mittelgroßer Hund atmet circa 20-mal pro Minute, das ergibt theoretisch ungefähr 30.000 Atemzüge pro Tag. Das Atemzugvolumen beträgt 0,25 Liter bei einem 20-Kilo-Hund. Dabei strömen 7.500 Liter Luft durch die Nasenlöcher und dementsprechend davon nur zehn Prozent, also 750 Liter, über das Nasenepithel (Craven et al. 2010). So kann die Luft sehr viel langsamer über das Epithel strömen und länger verweilen. Der Kontakt der Duftstoffe mit den Rezeptoren wird optimiert. Zur Erinnerung: Der Hund hat eine höhere Riechepithelfläche als der Mensch. Die Bezeichnung als „Nasentier" ist also absolut berechtigt!

Aber Hunde riechen nicht einfach nur besser, weil sich die Anatomie ihrer Nase von der unsrigen unterscheidet, sondern sie benutzen auch eine andere Technik. Stellen Sie sich vor, dass Sie einen besonderen Geruch in Ihrer Umgebung bemerken, beispielsweise in der Küche oder im Bad. Vielleicht möchten Sie der Ursache auf den Grund gehen und atmen dazu mehrmals kurz hintereinander ein, um der vermeintlichen Geruchsquelle näher zu kommen. Sie schnüffeln also ähnlich wie ein Hund kurz und stoßweise durch die Nase. Dadurch reichern sich bei jedem Atemzug Duftmoleküle auf der Oberfläche der Riechschleimhaut an. Das erhöht die Wahrscheinlichkeit, dass diese Duftmoleküle auch tatsächlich auf den Rezeptor einer kompetenten Riechsinneszelle treffen. Hunde haben dieses Verhalten geradezu perfektioniert. Ihre Schnüffelfrequenz liegt deutlich über der unsrigen und die meisten Rassen können beim Einatmen ihre Nasenlöcher nach oben weiten. Dadurch gelangt die Atemluft schnell und zielgerichtet entlang der Passage im Nasendach zur Riechschleimhaut, ohne vorher jedes Mal den verwinkelten Weg durch die gesamte Lamellenstruktur der Conchen in der Hundeschnauze nehmen zu müssen. Da die Riechschleimhaut zudem in einer Sackgasse liegt, verweilt die Luft hier länger und verstärkt so die Anreicherung von Duftstoffen bei jedem hinzukommenden Atemzug – und wie gesagt, die Luft streicht bei der Ausatmung noch einmal über das Epithel. Unter dem Strich lässt sich an dieser Stelle zusammenfassen: Das Zusammenspiel aus Nasenanatomie, geschicktem Lufttransport, großflächiger Riechschleimhaut und hoher Dichte an Sinneszellen erlaubt es dem Hund seinen Geruchssinn viel besser als der Mensch zu nutzen. Im Folgenden soll ein weiterer

Gesichtspunkt angesprochen werden, nämlich der Weg der Geruchsinformation von den Riechzellen zum Gehirn und die dortige Verarbeitung. Dazu müssen wir uns zunächst die Sinneszellen etwas näher anschauen und danach die zugehörige Gehirnfunktion.
Die Chemorezeptoren der Riechzellen, die in der Membran der Stereozilien (auch Stereovilli) sitzen, sind dafür verantwortlich, dass wir und der Hund eine Vielzahl von Gerüchen aufnehmen und unterscheiden können. Riechsinneszellen sind kurzlebig und werden ca. alle vier Wochen ersetzt. Aus jeder der Sinneszellen ragen fünf bis zwanzig Härchen mit diesen speziellen Chemorezeptoren in die Schleimhaut hinaus, deren dünner Überzug Mucus (zähflüssiger organischer Schleim) genannt wird. Auf die dort mit der Atemluft eintreffenden Duftmoleküle sprechen die Rezeptoren (Andockstellen) an. Alle Andockstellen einer bestimmten Sinneszelle sind vom Grundprinzip her gleich aufgebaut, aber eben doch etwas unterschiedlich, das heißt sie passen nur für eine einzige Duftmolekülart (Schlüssel-Schloss-Prinzip). Beim Menschen gibt es etwa 350 verschiedene Geruchsrezeptoren und damit auch 350 verschiedene Riechzelltypen. Die jeweils passenden Molekülgruppen unterscheiden sich sowohl in der Form als auch durch ihre Elektrizität. Die Kombination der angesprochenen Rezeptoren ergibt eine Geruchsmischung, die mehrere tausend Varianten haben kann. Der Hund besitzt etwa 1.000 verschiedene Geruchsrezeptoren, die über 1.000 Gene codiert werden. Da ein Säugetier insgesamt nur 25.000 bis 30.000 Gene besitzt, wird klar, welch hohen Anteil die Gene für Duftrezeptoren allein für sich am Gesamtpool haben: vier Prozent allein für das Riecherlebnis!
Die von den Riechzellen abgehenden Nervenfasern werden jeweils zu Paketen von Tausenden gebündelt, um später eine Filterung und eine erste Verarbeitung der Informationen zu vereinfachen. Diese Axonbündel ziehen zunächst durch feine Knochenöffnungen des oberen Siebbeins zum Riechkolben (*Bulbus olfactorius*). Der obere Ausläufer des Siebbeins, die knöcherne Siebplatte, grenzt die Nasenhöhle von der Schädelhöhle ab. Sie enthält kleine Löcher, durch welche die Riechnerven ziehen können. Wenn beim Hund jede Schädelseite 150 Millionen Riechzellen besitzt, müssten bei 1000 verschiedenen Rezeptortypen im besten Fall jeweils 150.000 Sinneszellen zu einer Typgemeinschaft gehören. Die Axone dieser Zellen ziehen in 37.500er-Paketen durch die Siebplatte und enden in sogenannten Glomeruli des Riechkolbens. Das sind Nervenknäuel, jeweils 4000 pro Riechkolbenseite, in denen die Axone jeweils über Synapsen auf viel weniger Gehirnneurone umgeschaltet werden. Dies ist die erste und einzige synaptische Verschaltung des Geruchsinns, bevor die Informationen die entspre-

chenden Hirnzentren erreichen. Die Verschaltung erfolgt auf Mitralzellen, die eine Art erste Qualitäts- und Ausschusskontrolle der ankommenden Informationen durchführen. Vielleicht haben die Mitralzellen auch noch weitere wichtige Funktionen, das ist aber noch nicht geklärt. Diese scheinbar verwirrende Nervenschaltung dient der Vorsortierung und Interpretation der Eingangssignale,

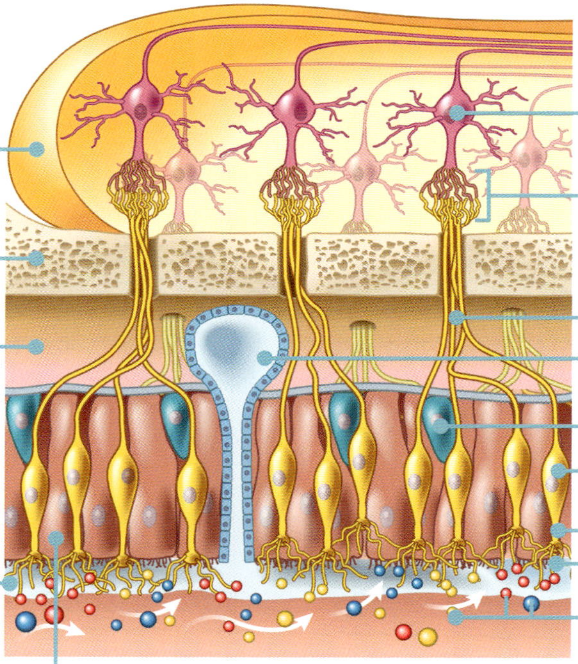

Feinaufbau des Riechapparates. Die Geruchsmoleküle strömen bei In- und Exspiration an der Schleimschicht entlang, lösen sich dabei und gelangen zu „ihrem" Rezeptor an den Zilien der Dendriten. Der Schleim wird von Bowman Drüsen gebildet. Die Axone der Riechsinneszellen verlaufen als Bündel durch die Siebplatte, die Nasen- und Hirnhöhle trennt. In den Glomeruli findet die Umschaltung auf das zweite Neuron der Riechbahn statt. Die Axone der Riechzellen treffen hier auf die primären Dendriten von Mitralzellen und bilden mit ihnen Synapsen. Basalzellen unterhalb der Stütz- und Riechzellen findet man in der Nähe der Basalmembran. Sie sind die Stammzellen, die Riechzellen, die nach etwa 60 Tagen absterben, wieder ersetzen können. *Quelle: Axel Kock/Shutterstock.com, modifiziert*

um für das Gehirn verdauliche „Geruchshäppchen" abzugeben. Das Herumgewimmel all der Geruchsstoffe in der eingeatmeten Luft wird also zuerst durch die begrenzte Anzahl der 1000 Riechrezeptoren vorsortiert und dann auf „nur" 4000 Glomeruli verteilt, die ihre Nachricht über Mitralzellen ans Gehirn abgeben. Jeder Glomerulus steht für einen bestimmten Dufteindruck, elektrisch in Form von Aktionspotenzialen übersetzt. In unserer visuellen Welt würden wir von 4000 Bildpunkten sprechen, und das in Stereo. In der Computerwelt bedeutet der Wert 300 dpi (300 Punkte pro Inch) – eine annehmbare Druckauflösung auf einer Fläche von 2,54 x 2,54 Zentimetern mit 90.000 Bildpunkten. Mit anderen Worten bilden die 4000 Glomeruli eine Art optisch-olfaktorisches Bild dessen ab, was sich in der Nase befindet. Der Hund „sieht" Geruchsbilder, und zwar als Film, also in Echtzeit! Er kann sie mit anderen Bildern vergleichen (biologisch „Musteranalyse"), Bilder überschreiben oder neu einordnen und abspeichern. Laufzeit- und Intensitätsunterschiede zwischen den beiden Schädelseiten kann das Gehirn zum Beispiel für Richtungsriechen einsetzen, um eine Geruchsdifferenzierung vorzunehmen oder Individualdüfte zu erkennen.

Wie schon besprochen, werden die Geruchsmoleküle mit der Luft bei der Inspiration über Nase oder Mund in die obere Nasenhöhle zur Riechschleimhaut transportiert, wo sie gelöst werden und in den Riechzellen chemisch Erregungen auslösen können. Die Riechzellen reagieren auf die eintreffenden Moleküle über die angesprochenen kleinen Stereozilien, in deren Membranen sich die Geruchsrezeptoren befinden.

Werden die Rezeptoren durch Geruchsmoleküle erregt, entsteht bei ausreichend hoher Konzentration der Moleküle ein Rezeptorpotenzial, das entlang der Zellmembran in Richtung Axonhügel (Ausgang in Richtung wegführendes Axon) der Riechzelle führt. Wenn das Signal dort ausreichend stark ist, „feuert" die Sinneszelle ein vollständiges Aktionspotenzial in Richtung Riechkolben, und zwar je mehr Aktionspotenziale, je öfter die Rezeptoren angesprochen werden. Ein Aktionspotenzial dauert ungefähr ein bis zwei Millisekunden und nach einer Erholungspause (Refraktärphase) von weiteren ein bis zwei Millisekunden ist die Sinneszelle für den Versand eines neuen Aktionspotenzials bereit. Die molekularen Vorgänge in den Riechzellen erfolgen über membranständige Rezeptoren, die im Zelläußeren die Duftmoleküle andocken lassen, und wenn es die passenden sind, eine Nachricht in das Zellinnere vermitteln, die vorbereitete, in Wartestellung befindliche Enzyme veranlasst, ihre Arbeit aufzunehmen. Das Ergebnis ist eine biologische Zellantwort wie das angesprochene elektrische Signal eines Aktionspotenzials. Es gibt aber auch die Möglichkeit, dass sich die Sinneszellen, beispielsweise bei hoher Wirkstoffkonzentration an den Zilien, innerhalb einiger Minuten anpassen, das heißt die Wirkung starker Reize herunterregulieren können. Ferner enthält der die Zilien abdeckende Mucus einige Enzyme, die eventuell störende Moleküle bei der Geruchsempfindung deaktivieren, sowie Transportproteine, die für einen besseren Transport der Geruchsmoleküle durch die Schleimschicht zu den Stereozilien sorgen.

Schon gegen Ende der 20er-Jahre des letzten Jahrhunderts wurde in einer Studie gezeigt, dass der Mensch mindestens 10.000 verschiedene Gerüche wahrnehmen kann. Im Jahr 2014 korrigierten Caroline Bushdid und ihr Team diese Zahl dramatisch nach oben (Bushdid et al. 2014). Sie berichteten von mindestens einer Billion unterscheidbarer Gerüche. Das sind gleich acht Nullen mehr: 1.000.000.000.000 und das soll nur die untere Grenze darstellen. Beim Hund weiß man es nicht, aber vermutlich ist die Zahl noch viel höher.

Die meisten natürlich vorkommenden Gerüche bestehen aus vielen verschiedenen Duftmolekülen. Der typische Rosenduft, den wir Menschen allgemein kennen, besteht aus etwa 275 Einzelkomponenten. Bushdid und ihr Team verwendeten in ihrer Studie Düfte aus 10, 20 oder 30 solcher Komponenten aus einer Auswahl von 128 verschiedenen Duftmolekülen. Mithilfe von Mathematikwissenschaftlern wurde aus den Ergebnissen der Versuche die oben genannte gigantische Zahl kalkuliert. Wir müssen bedenken, dass wir die wahre Anzahl an Geruchskomponenten eines Stoffes oder Materials gar nicht kennen. Vermutlich können es auch sehr, sehr viel mehr sein als zum Beispiel beim Rosengeruch, will sagen, die Kombinationsmöglichkeiten sind auf jeden Fall gewaltig!

Der unschlagbare Nasenfaktor. Seine hervorragende Nase, gekoppelt mit der sozialen Verbundenheit zum Menschen (und umgekehrt) macht den Hund zu einem perfekten Helfer in vielen Bereichen unseres Lebens, sei es als Jagdhund, Datenträgerspürhund, Diabetikerwarnhund, Blindenführhund, Epilepsiehund, Mantrailer oder Lawinen-, Drogen-, Arten- oder sogar Coronaspürhund. Diese Liste ist sicherlich nicht komplett und der „Nasenfaktor" wäre ein eigenes Buch wert, zu interessant ist das Thema. Drei Beispiele möchte ich exemplarisch herausgreifen.

Spürhunde schnüffeln für den Artenschutz. Hunde können bestimmte Tiere oder Pflanzen erkennen. Sie können Schädlinge wie Bettwanzen oder Laubholzbockkäfer erschnüffeln, bevor wir sie entdecken – oder zum Beispiel Igel in der Großstadt, um den Ökologieforschern zu helfen, den Bestand zu erfassen. In Deutschland steckt der Einsatz von Artenschutzhunden relativ gesehen noch in den Kinderschuhen, weltweit gesehen befindet sich diese Art der Verwendung aber in einem deutlichen Aufwind. Es gibt sogar schon eine internationale Berufsbezeichnung: *Wildlife Detection Dog* (WDD) (Grimm-Seyfarth et al. 2021).

Spürhunde haben eine „Coro-Nase". Hunde können am Geruch unterschiedlicher Körperflüssigkeiten wie Schweiß mit hoher Genauigkeit erkennen, ob Menschen mit SARS-CoV-2 (Covid-19, „Corona") infiziert sind. So waren Spürhunde in einer von der Tierärztlichen Hochschule Hannover durchgeführten Untersuchung in der Lage, mehr als neun von zehn mit Corona infizierten Personen anhand von Schweißproben zu erkennen. Zudem stellten die Forscher fest, dass die Tiere selten Corona-negative Personen fälschlich als positiv markierten. Wurde Urin zum Schnüffeln vorgelegt, waren die Ergebnisse noch besser (Jendrny et al. 2021; Jendrny et al. 2020). Weltweit gesehen scheinen die vorliegenden „Coro-Nasen-Ergebnisse" auch anderer Forschungsgruppen dem Hund eine genauso gute (wenn nicht bessere) Sensitivität, Spezifität und Erfolgsrate bei der SARS-CoV-2-Bestimmung zu geben wie die herkömmlichen RT-PCR- und Antigen-Testsysteme, und das im Sekundenbereich! (Dickey und Junqueira 2021; Eskandari et al. 2021)

Schnüffelerfolg: Hunde als Sherlock Holmes bei der Datenträgersuche. Deutschlandweit hat als erstes Bundesland im Jahr 2019 die nordrhein-westfälische Polizei ihre ersten fünf Datenträgerspürhunde vorgestellt, die ausgebildet wurden, um CDs, Festplatten, Speicherkarten, USB-Sticks, Smartphones und SIM-Karten zu finden. In den USA wurden schon seit 2012 geeignete Hunde darin ausgebildet, elektronische Medien wegen ihres speziellen Geruchs aufzuspüren. Im Jahr 2018 waren in den gesamten USA aber auch erst 17 sogenannte *Electronics Storage Detection Dogs* (ESD) im Einsatz. Welches Leitmerkmal verbindet die verschiedenen Speichermedien? Es ist ihr Geruch nach der Chemikalie Triphenylphosphanoxid (TPPO), die speziell trainierte Hunde offensichtlich gezielt detektieren können. Speichermedien riechen also nach etwas Speziellem, was sich uns nicht erschließt. Hunde auf TPPO abzurichten ist allerdings deutlich schwieriger als auf Drogen oder Sprengstoff, berichten die amerikanischen Ausbilder. Demgemäß lässt sich nur einer von fünfzig vorsortierten Hunden dazu ausbilden. TPPO ist chemisch gesehen ein Phenol. Es wird in Speichermedien standardmäßig verwendet, um die Überhitzung elektronischer Schaltkreise zu vermeiden. Über den Erfolg, die Sensitivität und Genauigkeit der Detektion dieser Substanz durch die Hunde gibt es bislang nur Fallberichte. Wissenschaftlich basierte Studien, ähnlich wie bei den Corona-Spürhunden, sind bislang leider nicht zu finden.

Schnüffeln für den Artenschutz.

Foto: IA/Shutterstock.com

Foto: alexei_tm/stock.adobe.com

5.4 Die Geschmäcker sind verschieden: Geschmackssinn

In Kürze: Fressen ist mit das Wichtigste im Leben. Das Futter liefert dem Individuum Energie für Wachstum, Arterhaltung, Vermehrung und einiges mehr wie Sattheit, Wohlbefinden, Ausgeglichenheit und gute Laune. Die biologischen Abläufe der Nahrungsaufnahme sind im Laufe der Evolution für jedes Tier perfektioniert worden, manchmal einfach, manchmal scheinbar umständlich – frei nach dem Motto „Versuch macht klug". Es wurden dabei viele Strategien ausprobiert und waren entweder erfolgreich, zum Beispiel im Sinne der Fortpflanzung und Arterhaltung oder eben nicht. Teile dieser Anpassungen sind anatomisch

Die Zunge ist ein sehr vielfältiges Organ des Hundes. Sie spielt besonders bei der Aufnahme von Flüssigkeiten und der Temperaturregelung eine wichtige Rolle. Die Hundezunge besteht überwiegend aus Muskeln, die sie besonders beweglich und kräftig machen. Eine Besonderheit ist die Lyssa: eine Art Schlauch im vordersten Teil der Zunge, der es dem Hund ermöglicht, die Zungenspitze gesondert vom Rest der Zunge zu bewegen. So formt der Hund mit der Zunge verschiedenste „Werkzeuge" – eine Röhre zum Saugen, eine Kelle zum Trinken, einen Wischlappen für das Fell und den Nasenschwamm, einen Greifer, um einen Gegenstand festzuhalten.

Foto: Ekaterina Faustova/Shutterstock.com

begründet oder fußen auf Sammel- und Jagdstrategien. In diesem Kapitel geht es um das eigentliche Schmecken. Schmecken ist ein Nahsinn. Er ist nicht dafür gedacht, schon von Weitem feinste Qualitätsunterschiede in der Nahrung zu detektieren. Vielmehr sollen zunächst Reflexe wie Speichelfluss oder Magensaftproduktion und die psycho-emotionale Beurteilung der Nahrung in Gang gesetzt werden. Am Anfang des Fressens und Schmeckens steht der Hunger oder zumindest ein internes Signal, das das Tier veranlasst, bestimmte Verhaltensmuster mit dem Ziel der Nahrungsaufnahme abzurufen. Das Fressobjekt wird visuell erfasst, eventuell beschnuppert, befühlt, betastet und eventuell im Maul überprüft. Die bis zu diesem Zeitpunkt angefallenen Daten werden mit gespeicherten Informationen im sensorischen Kortex verglichen: „Kenne ich oder kenne ich nicht." Das sind Daten über die Temperatur der Nahrung (warm oder kalt), über die Beschaffenheit (dornig, rau, glatt). Flüchtige Substanzen gelangen in die Nase und vermitteln ein Aromaerlebnis. Das sind alles Fähigkeiten des Tast-, Schmerz- und Geruchssinns und haben mit dem eigentlichen Schmecken direkt nichts zu tun. Der Geschmackssinn ist biologisch gesehen für das Tier eine Art chemo-sensorisches Messinstrument, ja man kann sagen ein „Schnelltest", der verschiedene Fragen beantworten soll: a) enthält die Nahrung Kochsalz (→ salzig), b) ist Zucker festzustellen (→ süß), c) gibt es Säuren (→ sauer), d) schmeckt es würzig, fleischig (→ umami) und schließlich e) könnte die Nahrung giftig sein (→ bitter)? Der Geschmackssinn mit diesen fünf klassischen Geschmacksqualitäten ist sinnesphysiologisch relativ grob, denn er beantwortet nur fünf einfache Fragen. Das macht den Test aber eben auch sehr schnell. Zumindest zum Teil ist er angeboren. Schon ein Säugling reagiert positiv auf Zucker und Proteine in der Muttermilch, möchte aber eher nichts Saures oder Bitteres im Mund haben.

Der Begriff „umami" ist ein Kunstwort und entstammt dem Japanischen. Umami meint würzig, fleischig, schmackhaft. Es bezeichnet eine Qualität des Geschmackssinns, die neben süß, sauer, salzig und bitter zu den grundlegenden Sinnesqualitäten der gustatorischen Wahrnehmung beim Menschen und auch beim Hund zählt. Die Wahrnehmung eines umami Geschmacks kann beispielsweise durch die Aminosäureionen Glutamat (bekannt als Geschmacksverstärker) und Aspartat hervorgerufen werden. Heute wissen wir, dass es sich bei dem Umamirezeptor um einen klassischen Aminosäurenrezeptor handelt. Unter dem Strich hilft die Sinnesqualität umami also bei der Identifizierung proteinhaltiger Nahrung und ist damit ein geeignetes Geschmackswerkzeug für karnivore („Fleischfresser") und omnivore Tiere („Allesfresser").

Auch wenn das für die heutige zivilisierte Welt nicht mehr immer zutrifft: Die Fähigkeit, verschiedene Geschmacksrichtungen wahrzunehmen, war früher überlebenswichtig. Bitterer oder saurer Geschmack konnte ein Hinweis auf giftige, ungenießbare Pflanzen oder verdorbene Nahrung sein. Süße oder salzige Lebensmittel deuteten dahingegen auf viele Nährstoffe hin. Der Brechreflex schützt uns und viele andere Tiere auch heute noch davor, Verdorbenes zu verzehren.
Hinter dem vorgestellten „Fünf-Fragen-Schnelltest-System" steht das hierarchische Prinzip Geschmacksrezeptoren → Geschmackssinneszellen → synaptische Transmitterübertragung → Nervenbahnen und sensorischer Kortex im Gehirn. Es muss eine Entscheidung erfolgen, und zwar schnell, bevor der Bissen heruntergeschluckt wird. Natürlich passieren (wie in jedem biologischen System) Fehler, die aber meist kompensiert oder rückgängig gemacht werden können. Übelkeit, Erbrechen, Durchfall kennt jeder von uns. Ausspucken oder Schlucken sind Lebensnotwendigkeiten! Der Geschmackssinn leistet für diesen

Die Hundezunge. Die Oberfläche ist meist matt, leicht weißlich und samtig. Der Zungenrücken ist etwas gewölbt, in der Mitte sieht man die Zungenrinne.

Foto: Irina Flamingo/Shutterstock.com

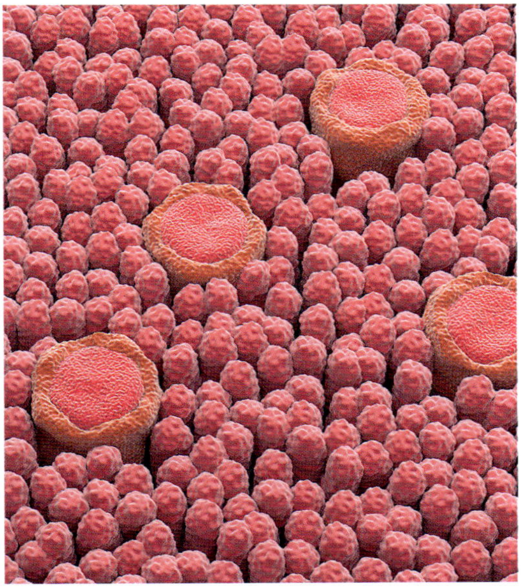

Geschmackspapillen auf der Zunge. Die Papillen sind in die Zungenschleimhaut eingebettet.

Quelle: Nemes Laszlo/Shutterstock.com

Zweck Bemerkenswertes. Zudem ist er im Gehirn wahrlich kein Eigenbrötler, sondern verfügt über ein ausgeprägtes Kommunikationsnetz, so in Bereichen des Gehirns, die mit bewusster Wahrnehmung zu tun haben wie dem limbischen System, in dem die starken Gefühle Angst, Panik und Widerwillen genauso zu Hause sind wie Freude und Wohlgefühl.

Etwas genauer: Die Hundezunge ist der Türsteher von Speiseröhre und Magen. Er wählt aus, was reindarf und was nicht. Der „Schnelltest“ ist dabei ein wichtiges Kontrollinstrument. Zwischen „Mmmh ...“ und „Igittigitt...“ liegt das Ziel der Nahrungsaufnahme darin, so viel Futter aufzunehmen, dass die Kalorienaufnahme mindestens dem Stoffwechselbedarf entspricht, ohne aber dabei unkontrolliert schädliche (giftige) Stoffe zu verschlingen.
Beim Blick auf die eigene Zunge und die des Hundes sieht man viele kleine Unebenheiten oder warzenartige Erhebungen, die Geschmackspapillen genannt werden. Je nach ihrer Form werden sie als Pilz-, Blätter- oder Wallpapillen bezeichnet. Die Papillen sind in die Zungenschleimhaut eingebettet.
Die unterschiedlichen Formen haben etwas mit dem Anspülen und der Aufenthaltsdauer der Geschmacksstoffe zu tun, nicht aber mit der Qualität der Sinneswahrnehmung selbst. Der sensorische Aufbau ist prinzipiell gleich.
Jede Papille (Pilzpapillen 150 bis 400, Blätterpapillen 10 bis 30, Wallpapillen 7 bis 15) enthält eine Anhäufung von Geschmacksknospen, die ihrerseits jeweils ungefähr 10 bis 50 Geschmackssinneszellen beinhalten. Merke: Die Geschmackssinneszellen stecken in den Geschmacksknospen und die wiederum sitzen in den Geschmackspapillen.
Ausgehend von 5000 Geschmacksknospen besitzt unsere Zunge zwischen 50.000 und 250.000 Geschmackssinneszellen. Hunde haben auf ihrer Zunge ungefähr 1.700 Geschmacksknospen, also circa dreimal weniger als wir Menschen. Der Hund kann also nicht so gut schmecken, wie wir es tun, aber einen Teil dieser Einschränkung kann er durch seinen überragenden Geruchssinn kompensieren.
Übrigens besitzen Katzen nur etwa 470 Geschmacksknospen.
Die Geschmacksknospen sind hauptsächlich peripher wie ein Oval auf dem oberen Zungenkörper angeordnet, aber auch auf der übrigen Fläche finden sich welche. Genau wie wir können Hunde süß, sauer, salzig, umami und bitter unterscheiden, allerdings unterschiedlich intensiv.
Die Welt des Geschmackssinns ist nicht minder kompliziert wie die der anderen bislang vorgestellten Sinnesorgane. Das, was aus der Molekularbiologie bekannt ist, ist wichtig für das Verständnis der Funktion der Geschmackswahrnehmung.

Molekulare Eigenschaften der klassischen fünf Geschmacksqualitäten auf der Hundezunge

Salzig: Epitheliale Natriumkanäle (ENaC) in den Mikrovilli der salzsensitiven Geschmackszellen stehen physiologischerweise offen wie das berühmte Scheunentor, das normalerweise Zellaußen und -innen trennt (Avenet 1992; Liman 2020). Steigt die extrazelluläre Natriumkonzentration (wenn zum Beispiel Salz (NaCl) anflutet), dringt Na^+ vermehrt durch den ENaC-Kanal in die Zelle ein, die dadurch depolarisiert wird. Es entsteht ein Rezeptorpotenzial, das beim Überschreiten des Schwellenwerts zu einem Aktionspotenzial führt.

Sauer: Protonen (H^+, diejenige Komponente, die eine Säure sauer macht) gelangen durch Ionenkanäle – zum Beispiel die säuresensitiven TRPP3 = nichtselektive Kationenkanäle – in die Zelle. Der Einfluss auf verschiedene andere zellmembranständige Ionenkanäle führt zur Freisetzung des Transmitters Serotonin aus Speichervesikeln und wirkt damit auf angeschlossene Nervenzellen (Simon und Garvin 1985; Simon und Gutierrez 2017).

Süß: Süß stimuliert eine G-Protein-abhängige T1R2/T1R3-Rezeptorkombination (diese Kombinationen gehören zur T1-Rezeptorfamilie). Diese Rezeptoren haben sehr große extrazelluläre Domänen (Proteinketten), welche „süße" Substanzen (Zucker, Zuckerersatzstoffe, einige Aminosäuren und Peptide) mit relativ niedriger Affinität im millimolaren Bereich binden und den Rezeptor aktivieren. So werden nur ernährungsphysiologisch relevante Mengen an Zuckern erkannt.

Umami: Umami wird über Rezeptoren für L-Aminosäuren vermittelt, verkörpert durch L-Glutamat, einem Komplex aus zwei T1-Subtypen, T1R1 und T1R3. Sie finden sich in allen geschmacksempfindlichen Schleimhautzonen, vor allem in Pilzpapillen. Entwicklungsgeschichtlich dürften diese Rezeptoren die Präferenz für Proteine in der Nahrung gefördert haben.

Bitter: Bitter hat Warnfunktion (viele Giftstoffe schmecken nämlich bitter), ist aber auch eine Geschmackskomponente in Koffein und Alkaloiden (zum Beispiel Nikotin). Die verschiedenen Bittersensoren (beim Menschen etwa 25 bis 30) von der Gruppe T2R sind Rezeptoren, die die verschiedenen Bitterstoffe hochaffin binden (im mikromolekularen Bereich, das heißt Bittermoleküle werden sehr viel sensibler wahrgenommen als Süßemoleküle).

Schleckermaul.

Foto: Sophie Strodtbeck

Geschmack	salzig	sauer	süß	umami	bitter
Rezeptor*	ENaC	ENaC/TRPP3 = unspezifischer Kationenkanal	T1R2/T1R3	T1R2/T1R3	T2R
Art, Funktion	Ionenkanal	Ionenkanal	Rezeptorprotein	Rezeptorprotein	Rezeptorprotein
Effekt in der Zelle	Depolarisierung	Depolarisierung	Second-Messenger-Kaskade	Second-Messenger-Kaskade	Second-Messenger-Kaskade
Transmitter	Serotonin	Serotonin	ATP	ATP	ATP
Post-synaptischer Rezeptor	5-HTR	5-HTR	P2XR	P2XR	P2XR

(ATP = Adenosintriphosphat, 5-HTR = Serotoninrezeptor, P2XR = Purinorezeptor)
*Literatur: salzig (Avenet und Lindemann 1988), sauer (Simon und Garvin 1985), süß (Mierson et al. 1988), umami (Kumazawa und Kurihara 1990), bitter (Go 2006).

Die verschiedenen Rezeptoren, die auf den Mikrovilli der Geschmackssinneszellen liegen, haben in der Welt der Molekularbiologie ihre ganz eigenen Namen:
ENaC = Epithelial Sodium Channel,
TRPP3 = Transient Receptor Potential Polycystin-3 cation Channel, T1R1, 2, 3 = Taste 1 Receptor 1, 2, 3 und T2R = Taste 2 Receptor. Auf den ersten Blick wirkt das verwirrend. Aber eine gewisse Verwandtschaft dieser Membranproteine lässt sich schon bei der Namensgebung erkennen. Sie dienen dann auch entweder nur den zwei Reaktionswegen als Ionenkanal oder als Ausgangspunkt zur Initiation einer intrazellulären Reaktion. Beide Wege münden in die Ausschüttung von Neurotransmittern.
Zusätzlich zu den gerade vorgestellten Rezeptoren für die fünf Geschmacksrichtungen wurde bei Hunden ein Rezeptor für Wasser entdeckt (Lindemann 1996). Also ist Wasser für Hunde wahrscheinlich nicht einfach nur geschmacksneutral. Gewisse Vorlieben für „bestimmtes" Wasser liegen dann auch nicht mehr fern. Die Wasserrezeptoren wurden an der Zungenspitze und zum Teil auf der Unterseite des Zungenkörpers gefunden, also in dem Bereich, den der Hund beim Trinken zuerst ins Wasser taucht und mit dem er das Wasser durch Schaufelbildung zu „löffeln" beginnt.
Wenn der Hund viel Salz (das ist normal bei fleischhaltigem Futter) oder Zucker aufgenommen hat, werden die Wasserrezeptoren signifikant sensitiver. Das ist – neben den hormonellen Wegen – als eine zusätzliche Maßnahme des Körpers – zur Regulation des Wasser- und

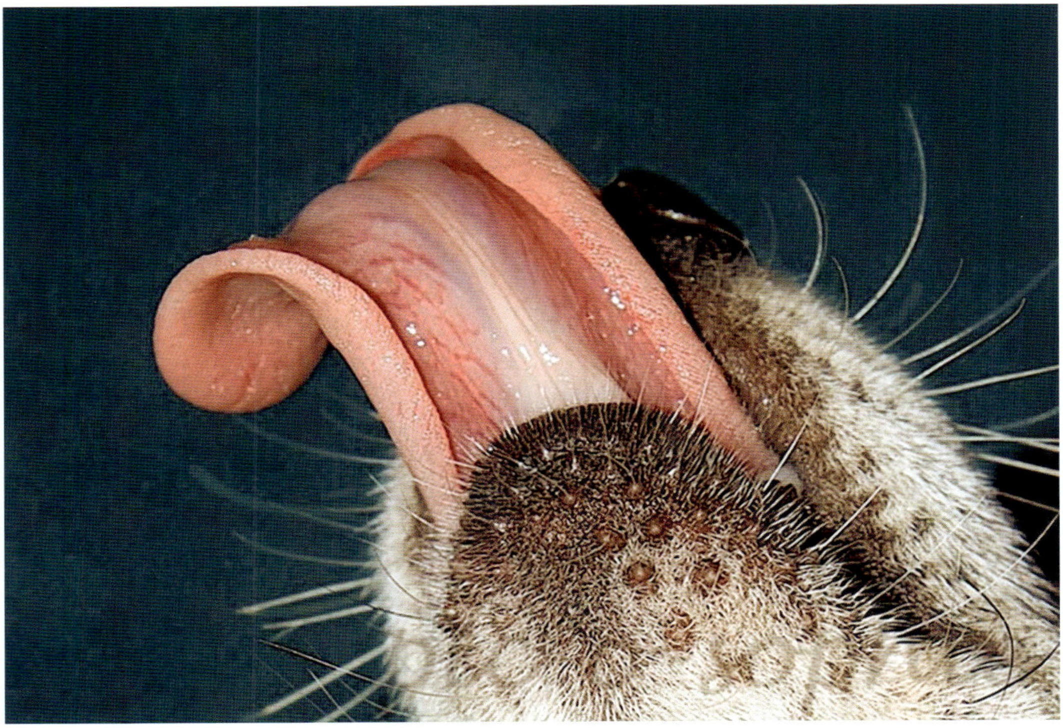

„Löffelchen"-Zunge. Mit der Hundezunge können verschiedene „Werkzeuge" geformt werden. Foto: Sophie Strodtbeck

Salzhaushalts zu sehen, weil es hilft mehr „Lust" auf Wasseraufnahme zu haben. Auch wir haben eine Geschmackswahrnehmung von Wasser. Diese wird aber nicht über einen eigenen Rezeptor für Wasser vermittelt, sondern ist Folge der schon vorhandenen Geschmackssinneszellen. Insbesondere der Sauerrezeptor ist involviert. Er ist derjenige, der dem Gehirn meldet: „Was jetzt über die Zunge fließt, ist Wasser". Bislang ist dieser Vorgang aber noch nicht vollständig aufgeklärt.

Bei uns ist die Zungenspitze besonders für Süßes empfindlich. Beim Hund liegt das „Süßzentrum" eher im hinteren Bereich der Zunge. Übrigens haben Hunde auch Geschmacksknospen im Gaumen- und Rachenbereich, sodass sie Futterbrocken schmecken können, die sie nicht gekaut haben. Aber Vorsicht, der Mythos „Geschmackszonierung" auf der Zunge, der selbst in modernen Lehrbüchern noch vertreten wird, ist falsch! Viele kennen sie noch aus dem Biologieunterricht – die Zungenland-

Frisches Wasser ist wie duschen von innen ...

Foto: thka/Shutterstock.com

karte. In den Lehrbüchern wurden und werden teilweise noch immer den verschiedenen Regionen auf der Zunge spezifische Geschmacksempfindungen zugeordnet. Heutzutage spricht man eher von rezeptiven Feldern, die sich teilweise überschneiden und sich dadurch auszeichnen, dass sie verschiedene Geschmacksqualitäten unterschiedlich stark repräsentieren. Alle Zungenbereiche können süß, sauer, salzig und bitter schmecken, wenn auch unterschiedlich stark. Für umami ist die Rezeptorverteilung in den Geschmacksknospen noch nicht genau ermittelt. Mindestens für die vier anderen gilt

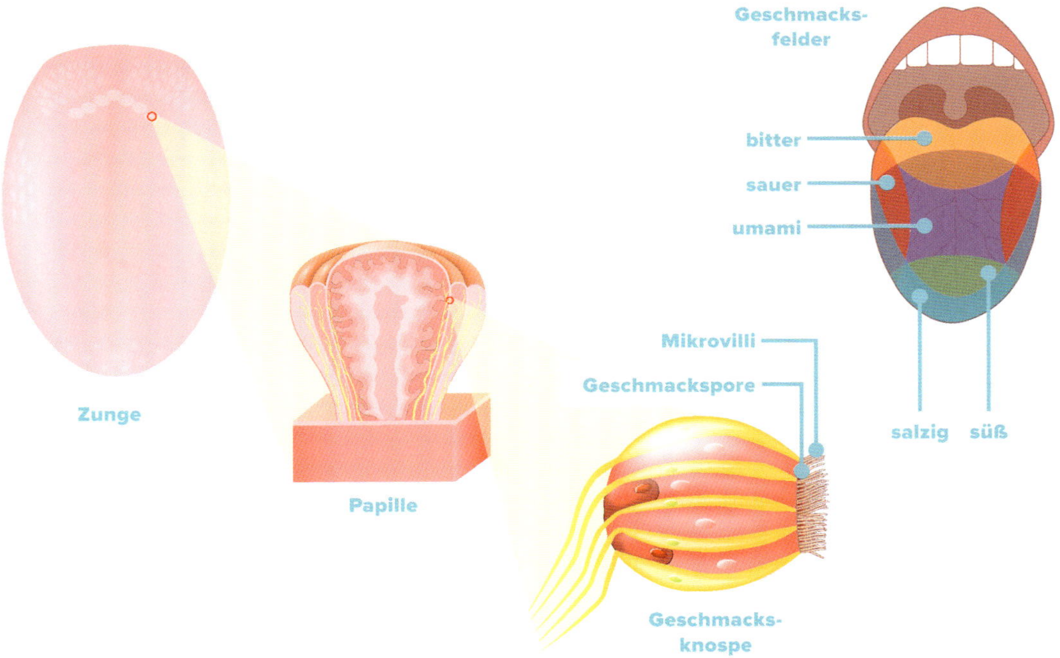

Die Zunge, ihre Papillen, Geschmacksknospen und Geschmacksfelder. Man beachte, dass sich die Geschmacksfelder überschneiden und nicht voneinander abgegrenzt sind. Papillen sind die geschmacksempfindlichen Strukturen. Die Geschmacksknospen liegen in den Papillen. Eine Geschmacksknospe ist eine Ansammlung von Geschmackssinneszellen (gelb), Basalzellen (rot), Stützzellen (hellrot) sowie Nervenendigungen der primären Ganglien und ihren Synapsen (blau) mit den Geschmackszellen. Mikrovilli am apikalen Ende der Geschmackszellen ragen in die Geschmackspore hinein. Dort treten chemische Verbindungen, die im Speichel gelöst sind, direkt mit den Geschmackszellen in Kontakt.

Quelle: Designua/Shutterstock.com, modifiziert, Ali DM/Shutterstock.com, modifiziert

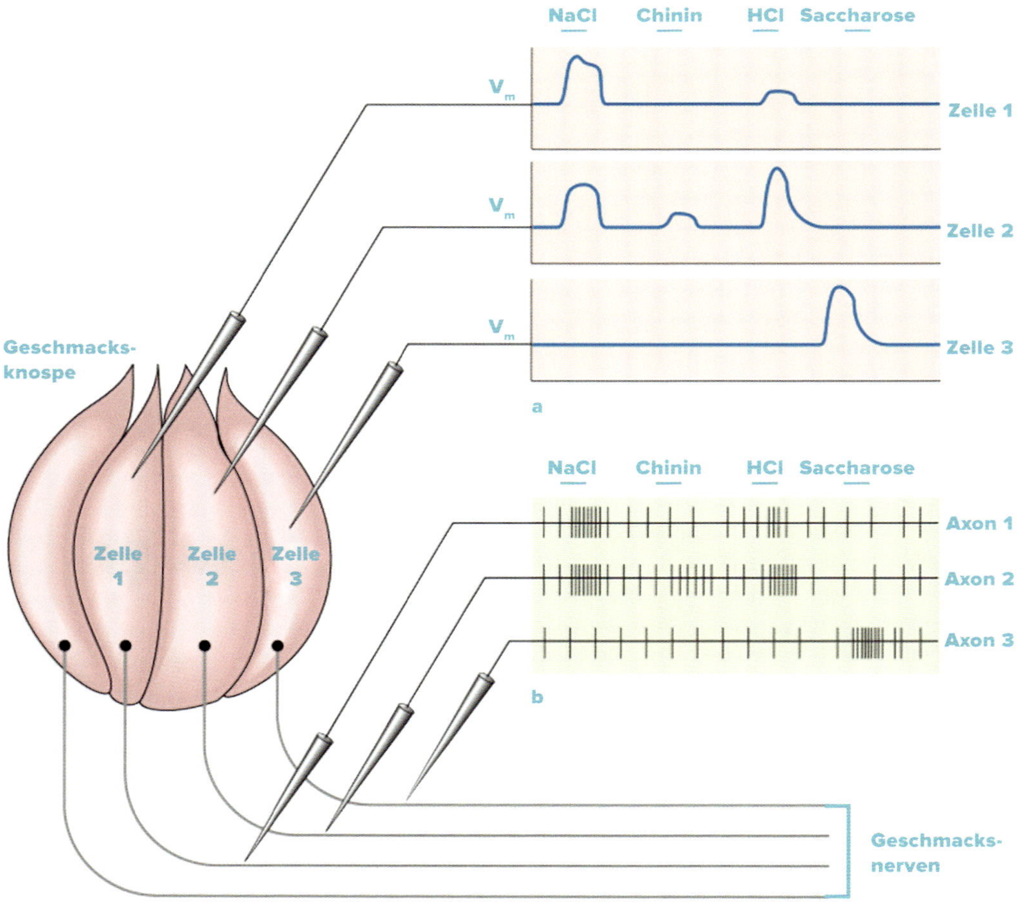

Elektrische Antworten von Geschmackszellen und Geschmacksnerven. **a)** Drei verschiedene Zellen wurden mit salzigen (NaCl, Kochsalz), bitteren (Chinin), sauren (HCl, Salzsäure) und süßen (Saccharose, Haushaltszucker) Geschmacksreizen stimuliert. Dabei wurde das Membranpotenzial (Vm) mit Elektroden gemessen. Auffällig ist die unterschiedliche Sensitivität der drei Zellen für die verschiedenen Reize. Manche Geschmacksrezeptoren reagieren nur auf einen Stimulus, manche gleich auf mehrere. **b)** Feuerverhalten der Geschmacksnerven (afferente sensorische Axone). Dies ist ein Beispiel für die extrazelluläre Messung von Aktionspotenzialen. Jeder senkrechte Strich soll ein einzelnes Aktionspotenzial darstellen.

Quelle: Bear et al. Springer Spektrum, modifiziert

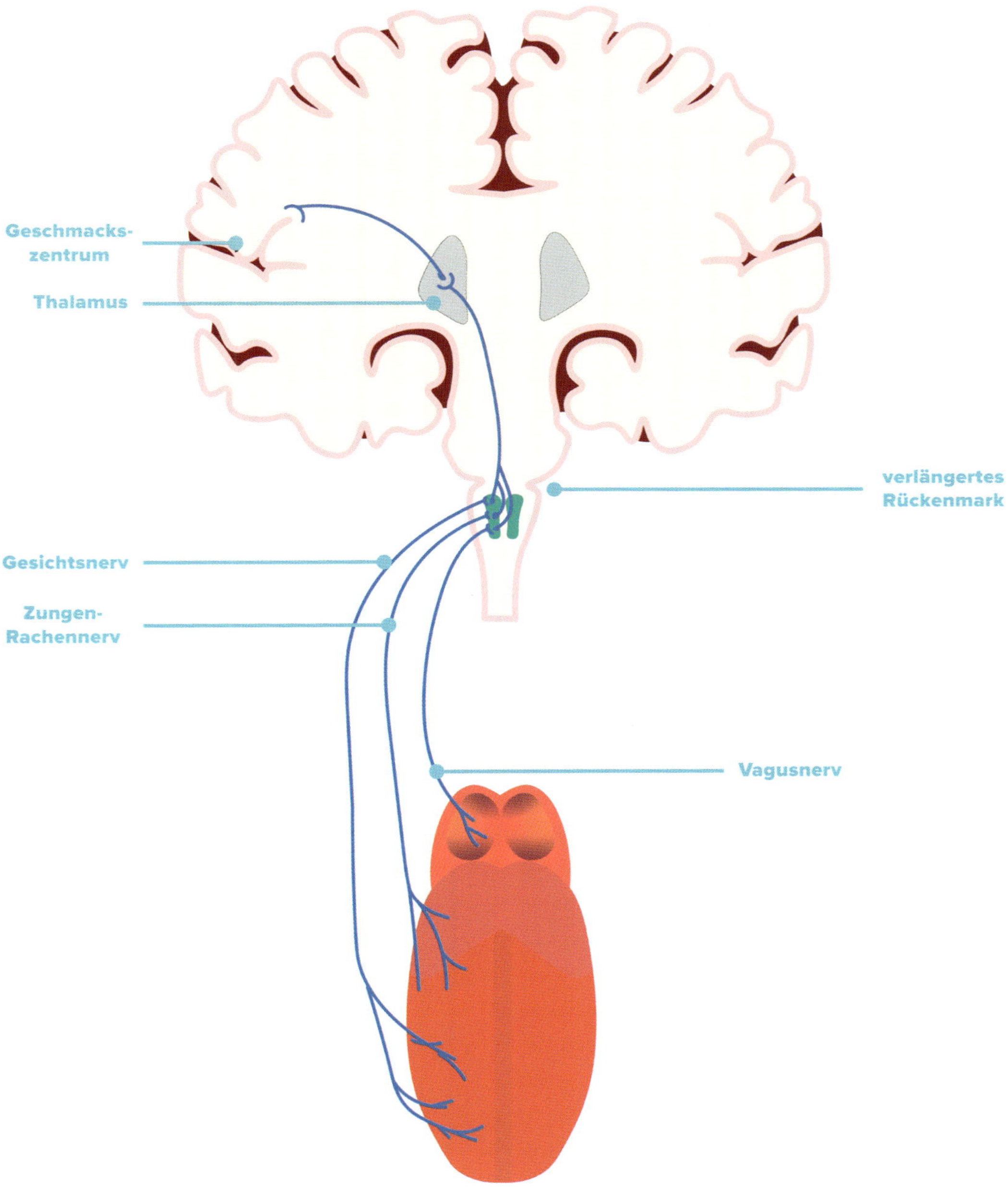

Der Weg von der Zunge zur Geschmacksempfindung. Drei von zwölf Hirnnerven sind beteiligt!

Quelle: Jeniffer Fontan/shutterstock.com, modifiziert

dasselbe wie für vier unterschiedliche Farben aus einem Tuschkasten, die in unterschiedlichen Mengen miteinander gemischt werden: Es ergibt sich eine Farbmischung. In unserem Fall führt das zu einer bestimmten Geschmacksempfindung im gustatorischen Bereich des Gehirns.
Beim Hund gibt es allerdings zumindest eine Einschränkung: Im Vergleich zu uns können Hunde salzige Substanzen nicht besonders gut schmecken. Die Nahrung des Fleischfressers (klassische Einteilung, besser Allesfresser, also omnivore Ernährung) enthält normalerweise ausreichend viel Salz (Kochsalz, NaCl), sodass der Bedarf natürlicherweise gedeckt werden kann und nur wenige oder keine Salzrezeptoren zum Aufspüren dieser Ressource benötigt werden. Eine gewisse Anzahl an Salzrezeptoren haben sie aber doch und viele Hunde lieben auch Salziges. Beim Pflanzenfresser (herbivore Ernährung) findet man besonders viele hochsensible Salzrezeptoren. Diese Tiere sind ständig auf der Suche nach Salzquellen, um den Körperbedarf decken zu können, denn ihre pflanzliche Nahrung enthält schon von Natur aus nur wenig Kochsalz.
Wie erwähnt, kann der Geschmackssinn als solcher schon aufgrund der relativ geringen Zahl an Rezeptoren nicht sehr präzise sein, anders als Seh-, Hör- und insbesondere Geruchssinn. Hinzu kommt, dass die Geschmackssinnesfasern (*Nervus facialis* und *Nervus glossopharyngeus*) gleich mehrere Rezeptorzellen parallel ansteuern.
Das hat gewisse Konsequenzen: Wenn nämlich ein Nervenimpuls von den Sinneszellen initiiert wird, ist nicht immer gleich klar, um welche Geschmacksqualität es sich in dem Fall handelt. Das läuft bei anderen Sinnesorganen sehr viel filigraner. Beim Geschmack muss das Gehirn erst alle Zungenmeldungen sammeln, weil sie zunächst etwas „verwaschen" sein können, um ein Geschmacksbild zu erzeugen. Dieses Verfahren funktioniert nur dann in einer annehmbaren Zeit, wenn die Zahl der Rezeptoren nicht zu groß ist. Menschen besitzen, wie wir gesehen haben, circa 50.000 bis 250.000 Geschmackssinneszellen, die alle sieben bis vierzehn Tage komplett erneuert werden. So ist es möglich, den Bestand ein Leben lang aufrechtzuerhalten. Wenn man sich zum Beispiel die Zunge verbrennt, bilden sich Geschmacksknospen innerhalb mehrerer Tage nach, denn die Zunge ist eines der regenerativsten Organe des Menschen. Sie ist einer der am häufigsten genutzten Muskeln – fast so viel wie der Herzmuskel. Sie ist überdies sehr gut durchblutet, was die schnelle Regeneration und den Wiederaufbau von Zungenoberfläche fördert.
Die Diversität der Geschmacksempfindung kann aber noch einmal stark vermehrt werden. Wie, das möchte ich mit einer theoretischen Überlegung verdeutlichen: Das System der fünf

Geschmacksqualitäten unseres Nervensystems, die sogenannte Vektorkodierung, kann neurophysiologisch als Darstellung in einem fünfdimensionalen Raum begriffen werden. Ein bestimmter Geschmack wird in diesem Raum durch ein Aktivierungsmuster aller fünf Rezeptortypen repräsentiert. Könnte die Zunge pro Grundgeschmack nur zehn Intensitätsstufen unterscheiden, so betrüge die Gesamtzahl an unterscheidbaren Aktivierungsmustern immerhin 105 = 100.000 Muster. In Wirklichkeit können sicherlich viel mehr abgebildet werden. Einige sprechen sogar von mindestens einer Billion, wie wir das schon beim Geruchssinn kennengelernt haben. Aus einfachen Grundlagen erwächst kombinatorisch somit eine Vielzahl an Unterscheidungs- und Wahrnehmungsmöglichkeiten. Und die Geruchsempfindungen mischen sich dabei auch noch ein! Nach allem was bekannt ist, können wir davon ausgehen, dass die Riechen-Schmecken-Physiologie beim Hund nicht wesentlich anders arbeitet. Natürlich muss das im Einzelnen noch untersucht und aufgeklärt werden.

Hunde besitzen wie wir Menschen auf der Zunge auch Thermorezeptoren, die anatomisch und physiologisch der Schmerzsensorik zuzurechnen sind. Interessanterweise reagieren diese nicht nur auf die Temperatur (Kälte/Wärme), sondern auch auf gewisse Geschmacksmoleküle. Beim Menschen aktiviert zum Beispiel Menthol Kälterezeptoren und Capsaicin („Scharfmacher" der Chilischote) Wärmerezeptoren der Zunge. „Kühl" oder „scharf" ist also kein Geschmack im eigentlichen Sinne, sondern eine Form der Schmerzempfindung (Kapitel 7).

Das Gesamtbild der Sinneswahrnehmung „Schmecken" ist leider mindestens so schwierig zu verstehen wie das der anderen bislang besprochenen Sinne. Auf jeden Fall gibt es auch hier eine Vielzahl an Stellschrauben nicht nur außerhalb, sondern auch innerhalb des Gehirns. Unter dem Strich kann man aber sagen, dass am Anfang der Reizaufnahme wieder verschiedene spezialisierte Sensorzellen stehen, die selektiv reagieren. Wie Riechsinneszellen brauchen Geschmackssinneszellen für die Auslösung einer Zellantwort eine Mindestkonzentration (Schwelle, englisch *threshold*) des in diesem Fall chemischen Stimulus. Umso weniger sie für die Wahrnehmung brauchen, desto höher ist das Auflösungsvermögen. Geschmackszellen haben die Fähigkeit, sich an Situationen mit länger anhaltender Präsenz eines Stimulus zu adaptieren (wie viele andere Sinneszellen auch).

Die zugrunde liegenden Mechanismen sind noch nicht gut verstanden, aber es ist sicherlich eine Art „Systemschutz" vor Überlastung. Wenn sich bestimmte Substanzen zu lange im Bereich der Knospen auf der Zunge aufhalten, wird das gemessen, über Nervenfasern an die höheren Stellen gemeldet und als

Ergebnis wird beispielsweise vermehrt Speichel produziert. Damit soll dann die gedachte Substanz verdünnt und weggespült werden.

5.5 Blinde Kuh, nicht mit mir: Tast- und Temperatursinn

In Kürze: Stellen Sie sich vor, Sie könnten nicht sprechen, also kommunizieren, wie langweilig und eingeschränkt würde Ihr Leben dann sein? Nun, Hunde können von Natur aus nicht sprechen und sich mit uns unterhalten. Ihre Kommunikation mit uns basiert in wesentlichen Teilen auf dem Tast- und Hautsinn. Körpersprache, eventuell Lautäußerungen und Tasten sind die Säulen der Kommunikation und sogar die neugeborenen Welpen kommunizieren schon über den Tastsinn. Um das zu bewerkstelligen, hat der Hund die Haut mit etwa 0,5 Quadratmetern Fläche als größtes Sinnesorgan (geschätzt nach der Dubois-Formel: adulter Hund, 50 Zentimeter Stockmaß, 25 Kilo Körpergewicht). Die Haut ist das erste funktionsfähige Sinnesorgan des werdenden Welpen, viel früher als Augen und Ohren ihre Dienste aufnehmen. Schon im Uterus beginnt das Betasten der Umgebung mit Schnauze und Gliedmaßen. Weitere Sinnessysteme in der Haut, Temperatur- und Schmerzsinn nehmen ebenfalls während dieser Lebensphase ihre Arbeit auf, damit der Welpe nach der Geburt möglichst schnell fit wird, um mit den Umweltbedingungen klarzukommen.

Etwas genauer: In der Hundehaut befinden sich Tastsinneszellen, die Druckempfinden übermitteln (Merkel-Zellen und Ruffini-Körperchen), welche, die Bewegungen entlang der Haut feststellen (Meissner-Körperchen) und Rezeptorzellen, die Vibrationen wahrnehmen (Pacini-Körperchen). Weitere Nervenendigungen, die sich nahe der Hautoberfläche befinden, erfassen Temperatur- und Schmerzreize. Die Sinneszellen sind nicht gleichmäßig über den Körper verteilt. Hunde besitzen Tastrezeptoren an der Basis der Fellhaare und besonders empfindliche im Schaftbereich der Vibrissen (Tasthaare, Kapitel 4.2). Im Gegensatz zum Menschen ist die genaue Verteilung der Tastsinneszellen beim Hund noch nicht ausreichend untersucht, aber prinzipielle Unterschiede zwischen Mensch und Hund sind nicht zu erwarten. Beim Menschen sind die Hände und die Lippen besonders dicht mit Mechanorezeptoren besetzt, die Druckreize viel detaillierter erkennen als beispielsweise der Rückenbereich (gut zu erkennen auf der Homunculus-Karte). Der Tastsinn muss prinzipiell drei Qualitäten eines Druckreizes erkennen: die Reizstärke (Intensität), Bewegungen entlang der Haut (Ortsveränderung) und die Geschwindigkeit dabei (Vibration). Vibrationen sind Auf- und Abbewegungen. Die Kombination dieser drei Informationen erzeugt ein Tastgefühl. Merkel-Zellen und Ruffini-Körperchen sind langsam ansprechende Sensoren, die ein lang andauerndes Druckgefühl vermitteln, zum Beispiel wenn der Hund auf einem steinigen Untergrund liegt oder ein Halsband trägt. Meissner-Körperchen reagieren bei sich schnell ändernden Druckreizen und registrieren Bewegungen entlang der Haut oder des Fells wie beim Streicheln oder Bürsten.

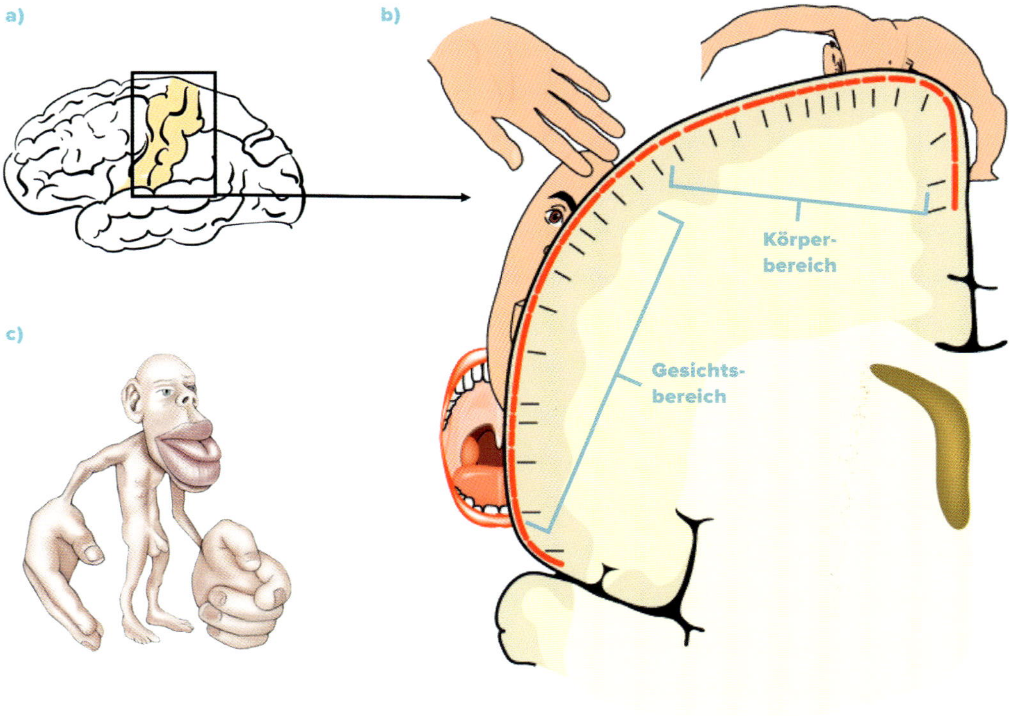

Topographische Abbildung der Körperoberfläche auf dem somatosensorischen Cortex. **a)** Gehirnskizze: Farbig hervorgehoben sind die motorische (links) und somatosensorische Rinde (rechts); **b)** die Signale der Hautsinneszellen gelangen in den somatosensorischen Cortex, unterschiedliche Areale entsprechend viele Nervenzellen sind für unterschiedliche Körperregionen zuständig, für die Hände und den Kopfbereich inkl. Vibrissen sind es besonders viele; **c)** der Homunculus („Rindenmännchen"): Dargestellt ist der sensorische Homunculus, der Hand-Kopfbereich ist als Projektion auf die sensorische Rinde markant stärker ausgeprägt als der Rest des Körpers.

Quelle: a) Schröder; b) Blamb/Shutterstock.com, modifiziert; c) Bear et. al. Neurowissenschaften, 3. Aufl., Springer Spektrum 2009

Mit den Pfoten tasten.

Foto: Anna Hoychuk/Shutterstock.com

Pacini-Körperchen können verschiedene Vibrationen erfassen. Beim Hund werden am besten Frequenzen um die 20 bis 30 Hertz durch die Körperchen wahrgenommen, beim Menschen dagegen erst bei viel höheren Werten, nämlich zwischen 130 und 170 Hertz (Quindlen-Hotek et al. 2020). Das bedeutet, dass der Hund einiges im Bereich des Infraschalls (ebenso wie Wale) wahrnehmen kann, der Mensch aber nicht. Vor Kurzem hat eine Forschergruppe aus Schweden einen neuen Tastsinneszellen-Typus in der Haut des Nasenspiegels gefunden (Elofsson und Kröger 2020). Es scheint sich um einen Mechanorezeptor zu handeln, der bislang nur in wenigen weiteren Fällen gefunden wurde wie zum Beispiel beim Maulwurf (Catania 2000). Über eine mögliche besondere Funktion kann bislang nur spekuliert werden. Vielleicht kann der „Nasentastsinn“ eine Rolle in der Dunkelheit spielen oder bei der Nahbeurteilung eines Gegenstandes

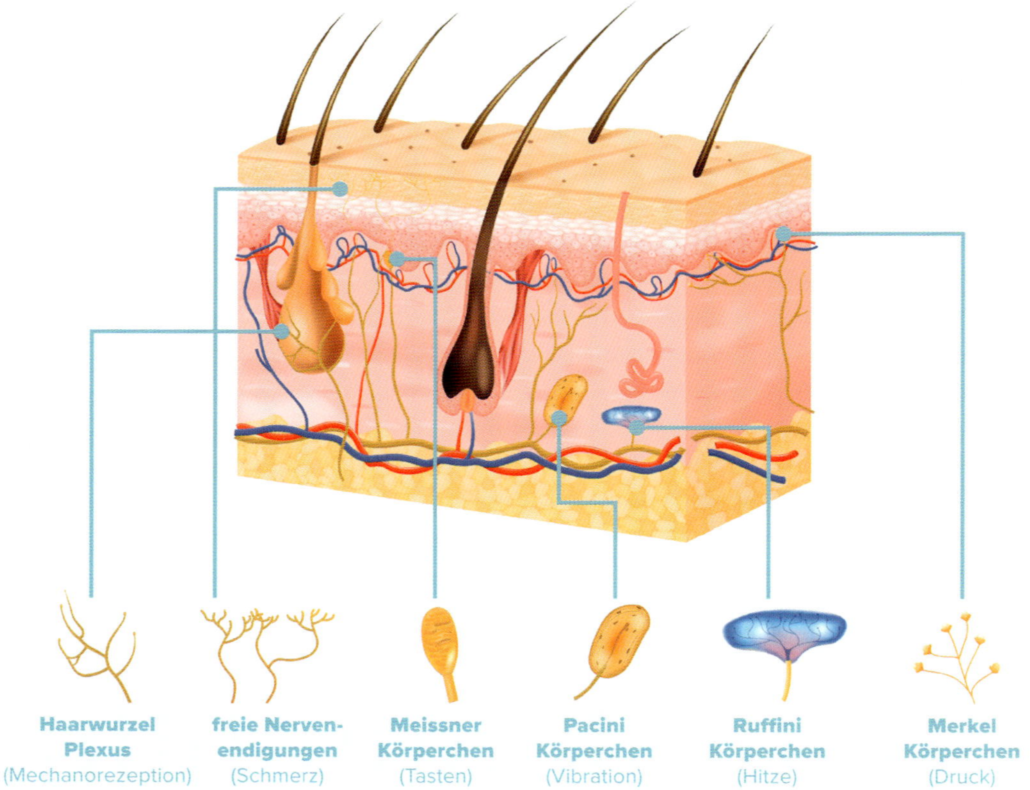

Verschiedene Mechanismen der Sinneswahrnehmung in der Haut. Die Dendriten der Sinneszellen sind den Bedürfnissen jeweils angepasst. Quelle: Macrovector/Shutterstock, modifiziert

(weich, hart, kalt, warm usw.) in Zusammenarbeit mit Nase und Zunge. Möglicherweise ist die Berührung durch den Nasenspiegel auch wichtig für soziale und emotionale Bindungen zu anderen Hunden oder zu uns Menschen.
Im Prinzip sind alle Tastsensoren freie Endigungen ihrer Nervenfasern, also weit weniger ausgetüftelt als Seh- oder Hörsinneszellen. Der Druck auf diese Nervenendigungen erzeugt Aktionspotenziale, die zum Gehirn geleitet werden.

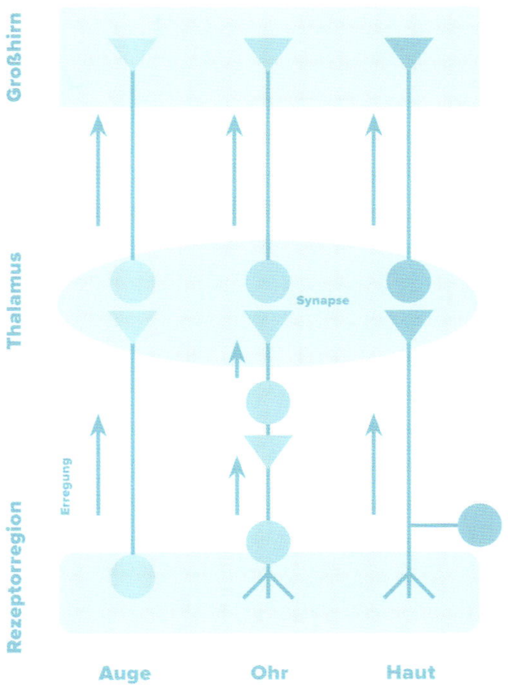

Der Thalamus: Tor zum Großhirn für die Sinnesorgane mit Ausnahme des Geruchssinns, dessen Nervenbahnen einen anderen Weg zum Großhirn nehmen. Quelle: Schröder

Die Endigungen für Temperaturwahrnehmung funktionieren im Prinzip genauso. Solche Endigungen (Warm- oder Kaltsensoren) besitzen Ionenkanäle, die je nach Temperatur mit einer Formänderung reagieren, das heißt die Kanäle können mehr oder weniger weit geöffnet sein und damit das Membranpotenzial verändern. Bei ausreichender Reizung kann dann ein Aktionspotenzial erzeugt werden, das als Nervenimpuls ins Gehirn übertragen wird. Die Impulse der Tast- und Temperatursinneszellen laufen wie diejenigen des Hör- und Sehsinns über die zuständigen Nervenbahnen ins Gehirn und kommen dort zunächst im Thalamus an. Der Thalamus sammelt alles und verteilt die Signale auf die zuständigen Regionen des primären sensomotorischen Kortex. Von dort erfolgt nach weiterer Bearbeitung die finale Weiterleitung der Signale in verschiedene sekundäre sensorische Gehirnareale, von denen aus die Nachrichten in die Assoziationsregion („Chefetage") übermittelt werden. Schließlich werden die Tast- und Temperaturempfindungen mit den restlichen Informationen des Körpers zusammengeführt.
Auch wenn er im Vergleich zu anderen Sinnen relativ einfach aufgebaut ist und auf seine Weise etwas archaisch wirkt, ist der Temperatursinn für fast alle Tiere überlebensnotwendig. Besonders gleichwarme Tiere (homoiotherm) brauchen diesen Wärmesinn, also die Fähigkeit, Unterschiede beziehungsweise

Änderungen der Umgebungstemperatur wahrzunehmen, um eine konstante Körpertemperatur aufrechtzuerhalten. Das Temperaturintervall, in dem ihr Leben möglich ist, ist relativ klein. Es muss der Vollständigkeit halber erwähnt werden, dass es neben den peripheren Thermosensoren auch Kerntemperaturrezeptoren im Bereich des Hypothalamus im Gehirn gibt, die für die Temperaturregulation zuständig sind. Die normale Körpertemperatur eines gesunden Hundes liegt zwischen 38,0 und 39,0 Grad Celsius, die eines Menschen zwischen 36,5 und 37,4 Grad Celsius.

5.6 Adaptation der Sinnesleistungen

In der Sinnesphysiologie werden mit Adaptation (Anpassung) physiologische Mechanismen bezeichnet, die sich in vorübergehenden Anpassungen der Empfindlichkeit eines Sinnesorgans oder eines Rezeptors an Änderungen der Reizintensität äußern. Jeder Fotograf kennt das Phänomen des Über- oder Unterbelichtens. Eine Maßnahme, um schlechte Bilder zu vermeiden, ist eine Veränderung der Blendenweite für entweder dunklere oder hellere Bilder. Die physiologische Adaptation kann sowohl zu einer Erhöhung der Empfindlichkeit bei abnehmender Reizintensität als auch zu einer Absenkung der Empfindlichkeit bei steigender Reizintensität führen. Adaptation ist eine grundlegende Eigenschaft der meisten sensorischen Systeme in der Tierwelt. Beispiele für Adaptation sind die Anpassungen von Rezeptoren an konstante Reizintensität und -dauer. Das anfangs hohe Rezeptorpotenzial wird in Abhängigkeit von den Rezeptoreigenschaften (schnell, mittel und langsam adaptierende Rezeptoren) auf ein niedrigeres Niveau eingestellt (zum Beispiel Hell-Dunkel-Adaptation des Auges, Einstellen des Gehörsinns auf einen Geräuschpegel, Anpassung der Geruchs- und Geschmacksrezeptoren). Im Extremfall kann die Adaptation so vollständig sein, dass die Erregungsweiterleitung unterbunden ist und damit der Reiz nicht mehr wahrgenommen wird (beispielsweise Berührungsreiz der Jeans beim Gehen oder Schärfe alkoholischer Getränke). Wird die Adaptation durch eine Veränderung der Rezeptoreigenschaften erreicht, spricht man von sensorischer Adaptation. Daneben kann die Adaptation auch durch Veränderungen in der Signaltransduktion erfolgen, indem die Menge oder Aktivität einzelner Komponenten der Reizverarbeitung verändert wird (Änderung der Übertragungseigenschaften der nachgeschalteten Neurone) oder Ermüdung.
Auch die übergeordneten Gehirnfunktionen sind an der Adaptation beteiligt. Handelt es sich um einfache Verhaltensverstärkungen, spricht man von

Sensitivierung. Das Gegenteil wäre die Habituation beziehungsweise Gewöhnung, die wir oft im Hundetraining einsetzen.

5.7 Zusammenfassung „The Big Five"

Die klassischen fünf Sinne sind Sehen, Hören, Riechen, Schmecken und Tasten. Diese Sinne ermöglichen es dem Hund, mit der Umwelt Kontakt aufzunehmen. Dafür haben sich die Sinnesorgane in der Art spezialisiert, dass sie den von der Natur und dem Menschen gestellten Anforderungen so gut wie möglich gerecht werden. Die entsprechenden Sinneszellen sind auf elektromagnetische, chemische oder mechanische Reize spezialisiert. Sie arbeiten aber nach einem einheitlichen Prinzip. Sinneszellen ändern ihre Empfindlichkeit für einen Reiz ziemlich rasch, wir nennen das Adaption. Bei unverändert starkem Reiz nimmt nach einer gewissen Zeit ihre Bereitschaft ab, elektrische Signale zu bilden. So wird ein Geruch, der dauernd ausgesendet wird, mit der Zeit kaum mehr wahrgenommen (Zitat: „Ich riech das schon gar nicht mehr"). Der Bildeindruck würde mit der Zeit schwächer werden oder gar verschwinden, wenn die Augen nicht dauernd kleinste Bewegungen machen würden, um die Sinneszellen immer wieder neu zu erregen.

Sehen

Voraussetzung für die Wahrnehmung von Licht ist das Vorhandensein von Sinneszellen für eine entsprechende Wellenfrequenz des weißen Lichtes. Im Prinzip unterscheiden wir zwei Typen von Sinneszellen: Stäbchen, die die Wahrnehmung von verschiedenen Helligkeitsstufen bei Dämmerung und Nacht ermöglichen und Zapfen, die für das scharfe Sehen und das Sehen von verschiedenen Farbkontrasten bei Tag da sind. Die Stelle des schärfsten Sehens enthält mehr Zapfen. Gegen die Netzhautperipherie finden sich dagegen mehr Stäbchen. Je mehr Stäbchen vorhanden sind, desto besser ist das Dämmerungs- und Dunkelsehen ausgeprägt. Der Hund ist ein Dichromat mit zwei Zapfentypen, während der Mensch, der als Trichromat bezeichnet wird, drei Zapfentypen mit unterschiedlicher Farbwahrnehmung besitzt. Er besitzt ein trichromatisches Farbensehen mit den drei Zapfentypen, die in der Terminologie für die menschliche Retina als Blau- (S-Typ, ***short wave***, 430 nm), Grün- (M-Typ, ***medium wave***, 520 nm) und Rot-Zapfen (L-Typ, ***long wave***, 560 nm) bezeichnet werden, da ihre maximale Empfindlichkeit in etwa den Wellenlängen des Lichts entspricht, die wir als Blau, Grün oder Rot wahrnehmen. Das ermöglicht es, eine enorme Vielfalt an Farben zu unterscheiden. Dichromaten besitzen einen Zapfen, dessen Empfindlichkeit im kurzwelligen Bereich liegt

(430 nm) und unserem Blauzapfen entspricht (S-Typ), und einen zweiten, der am empfindlichsten für längerwelliges Licht ist (555 nm). Der eine Zapfentyp des Hundes ist empfindlich für Blau-Violett, der andere für Gelb. Hunde sehen also im Wesentlichen den Spektralbereich von Blau über Grün bis Gelb, wobei für sie Objekte, die für uns grün erscheinen, farblos sind und rote Objekte gelb.

Hören

Das Ohr wird grob in Innen-, Mittel- und Außenohr gegliedert. Das Innenohr ist auch der Sitz des Gleichgewichtsinns. Es ist ein häutiges Gebilde aus verschiedenen flüssigkeitsgefüllten Blasen und Kanälchen (= Labyrinth). Dort sitzen die Hörsinneszellen. In der Schnecke dagegen befindet sich das sogenannte Corti'sche Organ mit anderen Hörsinneszellen, welches einem dünnen Häutchen aufsitzt und allseitig von Flüssigkeit umgeben ist. Die Erregung der Hörsinneszellen durch Schalldruck löst eine Hörempfindung aus. Der Schalldruck bestimmt auch die Lautstärke eines Tons. Die Frequenz (Tonhöhe) ist abhängig von der Anzahl der Schwingungen pro Sekunde). Gesunde junge Menschen hören im Bereich von 30 bis 20.000 Hertz. Dieser Hörbereich nimmt im Alter ab. Hunde hören schon ab 15 Hertz, also im Infraschallbereich, und nach oben bis zu 45.000 Hertz, dem Ultraschallbereich. Die Lautstärke wird in Dezibel angegeben. Bei länger dauernden Belastungen des Gehörs mit Schallpegeln ab 90 Dezibel muss man mit bleibenden Hörverlusten rechnen, da die Sinneszellen mechanisch geschädigt werden. Die Schallwellen werden vom äußeren Ohr aufgefangen und zum Trommelfell geleitet. Hunde können ihre Ohrmuschel sogar aktiv auf die Schallwelle ausrichten. Das Trommelfell wird durch die Schallwellen in Bewegung versetzt und überträgt seine Schwingungsenergie auf die Gehörknöchelchenkette des Mittelohrs. Letzteres ist luftgefüllt und mit einer Schleimhaut ausgekleidet. Damit die Gehörknöchelchen frei schwingen können, wird dafür gesorgt, dass der Luftdruck im Mittelohr demjenigen der Außenwelt entspricht. Dazu dient die Ohrtrompete, eine kleine, dünne Röhre, die vom Rachenraum her eine regelmäßige Belüftung ermöglicht. Dieser Druckausgleich geschieht unter anderem jedes Mal, wenn wir schlucken. Das zum Außenohr gerichtete Gehörknöchelchen ist der Hammer. Er sitzt am Trommelfell und nimmt dort die eintreffenden Schallwellen auf. Über den Amboss ist er mit dem dritten Gehörknöchelchen, dem Steigbügel, verbunden. Der Steigbügel ist mit seinem inneren Ende, der Fußplatte, am ovalen Fenster der Hörschnecke befestigt. Die drei Knöchelchen übertragen über diesen Mechanismen den Schall von außen nach innen. Da die Fläche des Trommelfells größer ist als diejenige der Steigbügelfußplatte und

Foto: Alexandra Eschenberg

dank der Hebelwirkung der Gehörknöchelchen wird der Schalldruck durch die Übertragung etwa 20-mal verstärkt. Durch die Schwingungen des Steigbügels mit der Membran des ovalen Fensters wird die Flüssigkeit des Innenohrs in Bewegung versetzt. Dadurch wird zu Beginn der Schneckenwindungen das dünne Häutchen mit den Hörsinneszellen aus seiner Ruhelage ausgelenkt. Von dort aus läuft nun eine Wanderwelle in Richtung Schneckenspitze. Hohe Töne werden in der Nähe des Steigbügels aufgefangen, tiefe Töne in der Schneckenspitze. Die entstehenden Aktionspotenziale werden schließlich in das Hörzentrum gesendet.

Riechen

Der hervorragende Geruchssinn der Hunde basiert zum einen auf dem anatomischen Aufbau der Schnauze, der der Anordnung von Riechzellen ausreichend Platz bietet. Zum anderen ist die Oberfläche der Riechschleimhaut durch eine spezielle Fältelung in der Nase deutlich größer als bei uns. Während wir nur maximal 30 Millionen Riechzellen besitzen, hat der Hund bis zu 300 Millionen! Neben diesen Vorteilen wenden Hunde zudem eine spezielle Riechtechnik an, die eine bessere Differenzierung von Geruchskomponenten ermöglicht. So gelangen beim Schnüffeln große Mengen an Luft optimal an die Riechschleimhäute. Die Verwirbelung der Luft ermöglicht das Erkennen winziger Mengen an Duftmolekülen. Das Zusammenspiel aus Nasenanatomie, geschicktem Lufttransport, großflächiger Riechschleimhaut (Hund im Mittel 150 Quadratzentimeter, Mensch maximal zehn Quadratzentimeter) und hoher Dichte an Sinneszellen erlaubt es dem Hund seinen Geruchssinn viel besser als der Mensch zu nutzen. Anmerkung: Die Zahlenangaben in der Literatur variieren zwar sehr stark, das ändert aber nichts an das ändert aber nichts an der olfaktorischen Überlegenheit des Hundes gegenüber uns Menschen. Um die Duftinformation zu verarbeiten, wird eine Nachricht an das Riechhirn weitergeleitet, das beim Hund besonders gut ausgeprägt ist. Es nimmt ungefähr zehn Prozent des Gehirns ein, während es bei uns gerade einmal ein Prozent ausmacht.

Schmecken

Im Prinzip verfügt der Hund über die gleichen fünf Geschmackswahrnehmungen wie wir: süß, sauer, bitter, salzig und umami (fleischig). Doch haben Hunde im Vergleich zu dem feinen Geschmacksempfinden des Menschen mit 5000 Geschmacksknospen nur durchschnittlich 1700. Auf Salziges reagieren Hunde fast gar nicht. Hunde haben vier Typen von Geschmacksknospen auf der Zunge, die sich überall auf der Zunge verteilen und für süßen, sauren, bitteren und Umami-Geschmack zuständig sind. Allerdings sind die Knospentypen in bestimmten Arealen stärker konzentriert. Ist bei der Nahrungsaufnahme eine Geschmacksrichtung stark ausgeprägt, wird der Geschmack auf der gesamten Zunge wahrgenommen. Bei schwachen Geschmacksreizen werden dagegen nur die spezialisierten Areale aktiviert. Zusätzlich zu den üblichen Geschmacksrezeptoren wurde bei Hunden ein Rezeptor für Wasser entdeckt, also scheint Wasser für Hunde nicht einfach nur geschmacksneutral zu sein. Gewisse Vorlieben für „bestimmtes" Wasser wurden häufig beobachtet. Auch wir haben ein Geschmacksempfinden für Wasser. Dieses wird aber nicht über einen eigenen Rezeptor für Wasser vermittelt, sondern ist Folge der schon vorhandenen Geschmackssinneszellen. Insbesondere der Sauerrezeptor ist involviert. Er ist derjenige, der dem Gehirn meldet „Was jetzt über die Zunge fließt, ist Wasser". Bislang ist dieser Vorgang aber noch nicht vollständig aufgeklärt.

Tasten

Der Tastsinn ist der erste Sinn, den ein Hund in seinem Leben erwirbt. Hunde besitzen sogenannte Vibrissen (Tasthaare) im vorderen Schnauzenbereich. Durch diese können die Fellnasen ihre Umwelt schon durch feine Luftbewegungen ertasten, benötigen dafür also nicht einmal eine Berührung. Des Weiteren hat der Hund die Haut mit etwa 0,5 Quadratmetern Fläche als größtes Sinnesorgan (das sind circa dreimal drei DIN-A4-Blätter). Die Haut ist das erste funktionsfähige Sinnesorgan des werdenden Welpen, viel früher als Augen und Ohren. Schon im Uterus beginnt das Betasten der Umgebung mit Schnauze und Gliedmaßen. Weitere Sinnessysteme in der Haut, Temperatur- und Schmerzsinn nehmen ebenfalls während dieser Lebensphase ihre Arbeit auf, damit der Welpe nach der Geburt möglichst schnell fit wird, um mit den Umweltbedingungen klarzukommen.

In der gesamten Hundehaut befinden sich Tastsinneszellen, die Druckempfinden übermitteln (Merkel-Zellen und Ruffini-Körperchen), welche, die Bewegungen entlang der Haut feststellen (Meissner-Körperchen), und Rezeptorzellen, die Vibrationen wahrnehmen (Pacini-Körperchen). Weitere Nervenendigungen, die sich nahe der Hautoberfläche befinden, erfassen Temperatur- und Schmerzreize. Die Sinneszellen sind nicht gleichmäßig über den Körper verteilt. Hunde besitzen Tastrezeptoren an der Basis der Fellhaare und besonders empfindliche im Schaftbereich der Vibrissen. Beim Menschen sind die Hände und die Lippen besonders dicht mit Tastsinneszellen (Mechanorezeptoren) besetzt, die Druckreize viel detaillierter erkennen können als beispielsweise der Rückenbereich. Im Gegensatz zum Menschen ist die genaue Verteilung der Tastsinneszellen beim Hund bislang noch nicht ausreichend untersucht.

6
Wer, wie, wo, was?

Foto: Catharina Cordes

«Die Sinne trügen nicht, das Urteil trügt.»

Johann Wolfgang von Goethe,
Dichter und Naturforscher

Gleichgewichtssinn

In Kürze: Wie schon in Kapitel 5.2 erwähnt, ist das Innenohr nicht nur für das Hören zuständig, sondern beherbergt auch das Gleichgewichtsorgan (Vestibularorgan). Das Gleichgewichtsorgan funktioniert nach dem gleichen Prinzip wie die Sinneszellen: Bestimmte Sinneszellen in den Bogengängen und der Macula, den beiden Teilen des Gleichgewichtsorgans, nutzen das Hin-und-her-Schwappen der Lymphe im Innenohr, um Nervenreize zu erzeugen. In diesem Fall werden Informationen über die Lage im Raum, die Körperbalance und die Beschleunigung des Kopfes gesammelt. Sich schwindelig kreiseln – das haben bestimmt fast alle Kinder um ihre Längsachse schon einmal gemacht. Wenn wir uns schnell um die eigene Achse drehen und dann plötzlich stoppen, haben wir das Gefühl, dass sich die Welt um uns weiterdreht. Der Grund: Die Flüssigkeit im Gleichgewichtsorgan bewegt sich noch einen Moment lang weiter. Gleichzeitig nehmen die Augen wahr, dass wir stillstehen. Diese widersprüchliche Information kann das Gehirn nicht verarbeiten – und es entsteht Schwindel. Aus diesem Grund torkeln wir auch ein wenig wie betrunken aus einem Karussell oder haben nach einer Bootstour das Gefühl, dass der Boden immer noch schwankt.

Der Gleichgewichtssinn besteht beidseitig links und rechts zunächst aus drei Bogengängen (Bogengangssystem), die offen miteinander verbunden sind und schlaufenförmig in den drei Raumrichtungen angeordnet sind. Die hierin angeordneten Sinneszellen sind für die Messung der Drehbewegungen des Kopfes zuständig. Am Eingang zu den Bogengängen liegen zwei kleine Sensorfelder (Macula-Organe), wo unter anderem die Erdanziehung gemessen wird, aber zum Teil auch Beschleunigungsbewegungen. Von den Sinneszellen des Vestibularorgans ziehen Nervenfasern zu entsprechenden Nervenkernen im Hirnstamm (Vestibulariskerne). Diese erhalten zusätzliche Informationen von den Augen, vom Kleinhirn und vom Rückenmark. Die Verschaltung des Gleichgewichtsorgans mit den Augenmuskeln ermöglicht die visuelle Wahrnehmung eines stabilen Bildes während gleichzeitiger Kopfbewegungen. Für die bewusste Orientierung im Raum sind neben dem Gleichgewichtssystem auch das visuelle System und das propriozeptive System (Tiefensensibilität) verantwortlich (Kapitel 7).

Ist die Funktion eines dieser Systeme gestört, kann dies widersprüchliche Informationen aus den einzelnen Sinnesorganen zur Folge haben und löst zum Beispiel Schwindelanfälle aus. Eine Schädigung auf einer der beiden Kopfseiten reicht dafür schon aus. Funktionsstörungen der Otolithen (siehe unten) können den gutartigen Lagerungsschwindel, der vom Menschen bekannt ist, hervorrufen. Beim Hund spielt das Vestibularsyndrom eine große

Foto: Schröder

Wo bitte geht's weiter?

Rolle, deshalb wird etwas weiter unten auf diese Erkrankung spezieller eingegangen. Ein Vestibularsyndrom wird oft fälschlicherweise für einen Schlaganfall gehalten. Dieser kommt aber bei Hunden (und Katzen) fast überhaupt nicht vor. Die Symptome einer vestibulären Störung beim Tier sind denen des menschlichen Schlaganfalls jedoch sehr ähnlich, weshalb die Erkrankung beim Hund häufig als solcher bezeichnet wird.

Etwas genauer: Die Sinneszellen der Bogengänge und der Macula-Organe sind in ihrem Aufbau dem der Haarzellen in der Hörschnecke sehr ähnlich. Auch die vestibulären Sinneszellen besitzen Mikrozilien, die in die flüssigkeitsgefüllten Räume der Bögen und der Macula reichen. Im Unterschied zu den Verhältnissen in der Schnecke sind die vestibulären Zilien von kleinen Gallertkapseln umgeben, die fast aussehen wie die Kuppel eines Observatoriums. Bei einer schnellen Körper- oder Kopfbewegung verschiebt sich die Flüssigkeit um die Kuppeln herum. Dies führt zu Verschiebung der Kapseln und damit der Mikrozilien. Ihre Biegung erzeugt adäquate Aktionspotenziale, die zum Gehirn geleitet werden. In der Macula liegen kleine Kalkkristalle (Otolithen) auf den Kuppeln, die sich ähnlich wie lose Gegenstände im Auto bei einem Brems- oder Beschleunigungsvorgang etwas zeitverzögert nach vorne oder hinten bewegen: ein perfekter Beschleunigungs- und Schweresensor. Auch in Ruhe läuft diese Messung kontinuierlich weiter.
Leider reicht für ein komplettes Lagebild des Körpers im Raum die alleinige Messung durch Bogengänge und Macula-Organe nicht aus. Es kommen im „Lagezentrum 1“, dem vestibulären Kern des Gehirns, viele weitere Informationen über Muskelspannung und Gelenkstellung vom Sehzentrum und vom Kleinhirn zusammen. Das Kleinhirn (Cerebellum) ist der Bereich des Gehirns, der einen flüssigen Bewegungsablauf kontrolliert. Das Kleinhirn bildet quasi ein „Lagezentrum 2“. Wenn „1“ und „2“ unterschiedlicher Meinung sind, kann uns schnell mal schwindelig und übel werden. Der Aufbau und die Funktion des Vestibularorgans des Hundes ähnelt dem des Menschen sehr, sodass man davon ausgehen kann, dass der Hund im „Fall der Fälle“ eine vergleichbare Symptomatik aufweist, nämlich insbesondere Gleichgewichts- und Koordinationsstörungen.
Ein anderes potenzielles Problem für die Funktion des Vestibularapparats stellen Veränderungen der Schädelanatomie in den modernen Hundezuchten dar. Extreme Veränderungen der Schädellänge, die es ja schon länger gibt, haben potenziell Auswirkungen auf die Vestibularfunktion, das heißt auf das Gleichgewichtsgefühl der Tiere (Smith und Laitman 2021). Die Datenlage dazu ist noch relativ dünn, sollte aber unbedingt weiter

beobachtet werden, weil das Thema zumindest schon mittelfristig auf tierschutzrelevante Thematiken hindeutet.
Vestibularsyndrom: Das Vestibularsyndrom – wie gesagt fälschlicherweise oft als Schlaganfall bezeichnet – ist eine Störung des Gleichgewichtsorgans im Innenohr, dessen Aufgabe es ist, dem Gehirn die aktuelle Position des Körpers im Raum zu melden und so die räumliche Orientierung zu ermöglichen. Ist dieses System gestört, gerät der Körper im

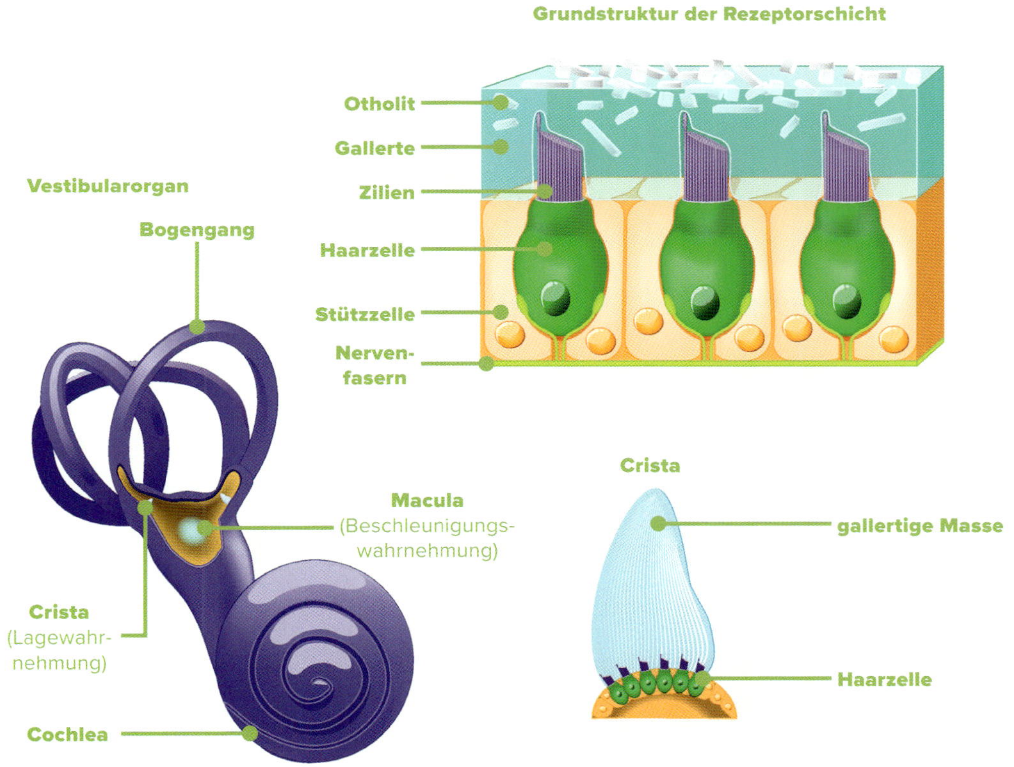

Das Vestibularorgan ist Teil des Innenohrs. Es gehört zu den Sinnesorganen und dient der Steuerung des Gleichgewichts. Es besteht aus drei Bogengängen und den Macula Organen, die von Endolymphe ausgefüllt sind. Jeder der Bogengänge besitzt eine Sinnesleiste, auf der die Sinneszellen in Crista-Anordnung liegen. Die Bogengänge stehen jeweils senkrecht im 90°-Winkel aufeinander und erfassen so die drei Dimensionen des Raumes. Die Macula ist ein fleckförmiges Sinnesepithelfeld im Bereich des Vorhofs (Utriculus und Sacculus) des Bogen-Labyrinths, der ebenfalls von einer dicken Gallertschicht bedeckt ist, in die Kristalle aus Calciumcarbonat eingelagert sind. *Quelle: Designua/Shutterstock.com, modifiziert*

Raum komplett aus dem Gleichgewicht und ist nicht mehr in der Lage, die eigene Stellung zu korrigieren.
Da dieses Syndrom vorrangig ältere Tiere betrifft, spricht man vom geriatrischen Vestibularsyndrom oder auch vom idiopathischen Vestibularsyndrom, dessen Ursache degenerative Prozesse sind. Die Auslöser sind bis heute nicht bekannt, vermutet werden unter anderem Durchblutungsstörungen.
Eine seltenere Form der Erkrankung ist das zentrale Vestibularsyndrom. Dieses wird bei Hunden für gewöhnlich durch Infektionskrankheiten wie zum Beispiel Staupe sowie durch Läsionen und Entzündungen im Bereich des Gehirns und des Zentralen Nervensystems verursacht.
Für den Hundehalter bietet sich – je nach Ausprägung – ein verstörendes Bild: Die betroffenen Hunde zeigen deutliche Koordinations- und Gleichgewichtsstörungen. Sie können nicht mehr geradeaus laufen, wirken wie betrunken und sind stark desorientiert. Typisch ist auch eine deutliche Kopfschiefhaltung sowie schnelle Augenbewegungen (Nystagmus). Oft zeigen sich Übelkeit, Erbrechen und vermehrtes Speicheln.
Die Diagnose ist anhand der Symptomatik in der Regel eindeutig, allerdings sollten Fremdkörper in den Ohren, Ohrentzündungen, Tumore und auch

Hunderassen: Zwischen Klapp-, Steh- und Schlappohren ist alles möglich.

bestimmte Infektionskrankheiten als Differentialdiagnose ausgeschlossen werden.
Ziel der Therapie ist es, die Symptomatik zu mildern. Dies gelingt mit Medikamenten gegen die Übelkeit und gegebenenfalls Infusionen zur Durchblutungsförderung. Außerdem brauchen die Hunde Ruhe und eine reizarme Umgebung.
Der Halter hingegen benötigt Geduld, denn es kann lange dauern, bis die gesamte Symptomatik sich verbessert; sie muss es aber nicht. Oft sind die schnellen Augenbewegungen bereits nach einigen Tagen besser und die Symptomatik insgesamt nach spätestens zwei Wochen abgeklungen. In seltenen Fällen und je nach zugrunde liegender Ursache können die Symptome allerdings bestehen bleiben. Manchmal behalten erkrankte Hunde eine leichte Kopfschiefhaltung zurück, die aber im Alltag keine große Einschränkung bedeutet.
Insgesamt ist die Prognose also gut, was bei dem schlimmen Bild, das diese Erkrankung beim plötzlichen Auftreten oft mit sich bringt, wichtig zu wissen ist, denn schnell denkt man als Halter beim Anblick seines torkelnden und komplett veränderten Hundes ans Abschiednehmen. Das Vestibularsyndrom ist aber stets einen Therapieversuch wert und dieser ist oft sogar erfolgsversprechend.

Foto: smrm1977/Shutterstock.com

Foto: Maria Koch

7 Wenn es weh tut:

Foto: Bogdan Sonjachnyj/Shutterstock.com

« Der Hund ist ein Begleiter, der uns daran erinnert, jeden Augenblick 'zu genießen.»

Marla Lennard,
Buchautorin

Schmerzsinn und Tiefensensibilität

In Kürze: Keiner will ihn, doch ein Leben ohne ihn ist gefährlich: Der Schmerz ist eine der wichtigsten Empfindungen überhaupt. Seine Verarbeitung im Körper und Gehirn ist komplex. „Der Schmerz zwingt den Menschen zur Aufmerksamkeit auf die verwundete Stelle“, schrieb einst Friedrich Hebbel. Schmerz ist ein Hilferuf des Körpers, dass irgendetwas nicht stimmt und man sich um die Ursachen kümmern sollte. Ohne Schmerz würde niemand zum Zahnarzt gehen oder dem Rücken eine Pause zur Erholung geben.
Um Schmerz zu empfinden, muss es spezielle Sinneszellen geben, die Nozizeptoren (von lateinisch *nocere* = schmerzen). Nozizeptoren sind multimodale freie Nervenendigungen, das heißt sie reagieren nicht nur auf einen definierten Reiz (unimodal), sondern generell auf Gewebezerstörung. Ihre Empfindlichkeit kann durch Modulatoren (zum Beispiel Histamin, Endorphine oder Prostaglandine bei Entzündungen) beeinflusst werden. Nozizeptoren befinden sich in fast allen Geweben des Körpers, vor allem aber in der Haut. Dort existieren sie in größerer Dichte als sämtliche anderen Sinnesrezeptoren – was die Bedeutung der Haut als Schutzorgan unterstreicht. Manche Nozizeptoren reagieren ausschließlich auf mechanische Reize, zum Beispiel einen spitzen Stich, andere auch auf Hitze, Kälte, chemische Reize wie den scharfen Geschmacksstoff Capsaicin oder Botenstoffe, die bei Verletzungen oder Entzündungen freigesetzt werden.

Etwas genauer: Die Nozizeptoren sind im Normalzustand nicht so leicht aus der Ruhe zu bringen, das heißt ihre Wahrnehmungsschwelle liegt relativ hoch. Damit sie ein Signal ans Rückenmark losschicken, muss der Reiz ziemlich stark sein. Daneben gibt es sogenannte stumme Nozizeptoren, die in gesundem Gewebe gar nicht erregbar sind, deren Reizschwelle aber durch eine Entzündung auf ein besonders sensitives Niveau herabgesenkt werden kann. Erreicht der Reiz den Schwellenwert, muss der Nervenimpuls ruckzuck ins Gehirn geleitet werden – so möchte man meinen. Das ist aber überraschenderweise gar nicht der Fall! Die meisten Schmerzimpulse sind nämlich die langsamsten sensorischen Impulse im Körper und erreichen gerade mal Geschwindigkeiten von einem Meter pro Sekunde (langsamer Schmerz, zum Beispiel dumpfer, tiefer sitzender Schmerz). Zum Vergleich: Ein 100-Meter-Sprinter der Weltklasse schafft zehn Meter pro Sekunde. Nur vergleichsweise wenige Schmerzfasern (Anteil circa 15 Prozent) leiten schneller und die Impulse könnten einen Sprinter damit knapp überholen (schneller Schmerz, beispielsweise stechender Schmerz). Die träge Impulsleitung liegt daran, dass die Schmerzfasern nicht nur sehr dünn sind, sondern außerdem keine isolierende Ummante-

Bleib bitte nicht so lange weg!

Foto: Annette Shaff/Shutterstock.com

lung durch eine Myelinscheide besitzen. Die schnelleren Fasern sind wie zu erwarten dicker und myelinisiert durch Schwannsche Zellen.
Die Schmerzimpulse werden zunächst im Rückenmark gesammelt. Dabei laufen viele Informationen aus ähnlichen Körperregionen auf, was es dem Gehirn später erschweren kann, den genauen Schmerzort festzustellen. Die sehr enge räumliche Nähe der Schmerzneurone und der Motoneurone, die die Bewegungsmuskulatur steuern, im Rückenmark ist praktisch, denn sie ermöglicht, dass die Wahrnehmung „Autsch! Die Herdplatte ist heiß!" zum blitzschnellen Zurückziehen der Hand führt, noch bevor das Signal „Finger verbrannt" im Gehirn ankommt (Schutzreflex).
Der Weitertransport von Schmerzimpulsen vom Rückenmark zum Gehirn erfolgt schnell und endet zunächst in der Umschaltstelle Thalamus im Zwischenhirn, von wo aus die Schmerzsignale in verschiedene Areale des Großhirns verteilt werden. Im Unterschied zu den anderen Sinneswahrnehmungen gibt es für die Schmerzwahrnehmung keine separate Hirnregion, sondern gleich mehrere verschiedene Stellen mit Schmerzverarbeitung. Manche Nervenfasern ziehen von dort aus zum limbischen System, das eine emotionale Wertung des Schmerzes vornimmt und Einfluss auf Wohlbefinden und Stress nimmt. Der präfrontale Kortex versucht durch Registrierung von Lokalisation und Beschaffenheit des Schmerzes unter Einbeziehung des limbischen Systems zu einer möglichst realen Einschätzung des Schmerzausmaßes zu kommen (Kognition = Informationsverarbeitung, Denken im umfassenden Sinne). „Möglichst" heißt es deswegen, weil von Untersuchungen am Menschen bekannt ist, dass über dieses und andere modulatorische Systeme die Psyche die Schmerzwahrnehmung beeinflusst. So spielen Aufmerksamkeit und Erwartungshaltung eine Rolle. Das zeigt sich etwa bei Kindern: Werden diese nach einer Verletzung abgelenkt, lassen die Schmerzen meist schnell nach. Auch wenn die führende Größe bei der Schmerzempfindung die Signale sind, die von den Nozizeptoren kommen, spielen die Emotionen eine große Rolle. Eine negative Stimmungslage verstärkt das Schmerzempfinden, eine positive dämpft es. Dies lässt sich mithilfe von bildgebenden Verfahren wie der Computertomografie beim Menschen sogar sichtbar machen. In Untersuchungen konnten Probanden durch unangenehme Bilder oder Gerüche emotional beeinflusst werden. Sie nahmen dann Schmerzen anders wahr, was anhand von entsprechenden Hirnaktivitäten gemessen wurde. Für den Hund gibt es leider keine vergleichbaren Daten. Sicherlich können wir die Befunde nicht eins zu eins auf den Hund übertragen. Aber bei allen Ähnlichkeiten, die das Nervensystem und die Sinnesorgane bei

Mensch und Hund aufweisen, ist es nicht ganz abwegig, eine vergleichbare Schmerzverarbeitung anzunehmen.

Tiefensensibilität: Die Tiefensensibilität (Propriozeption) ist eine diffuse, komplexe Sinneswahrnehmung, mit welcher der Körper das Gehirn über die Position beziehungsweise den Aktivitätszustand der Gelenke, Muskeln und Sehnen informiert. Oft wird diese Sinnesqualität in der Fachliteratur mit dem Tastsinn in eine Schublade gesteckt. Das lässt sich durchaus vertreten, vernachlässigt aber

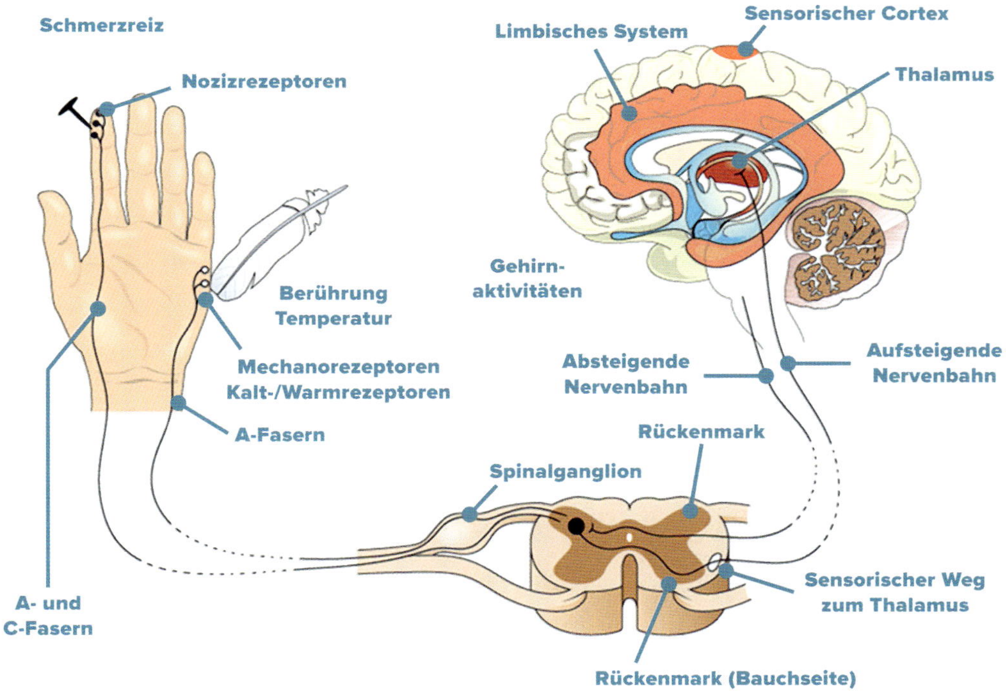

Schmerz-, Berührungs- und Temperaturreize werden von entsprechenden Rezeptorstrukturen in der Haut erkannt und in elektrische Sprache, die Aktionspotenziale umgesetzt. Das geht unglaublich schnell. Die Nervenimpulse werden zunächst über A- und C-Fasern ins Rückenmark geleitet. Dort wird „entschieden“, ob sofort auf einen Reiz reagiert wird (Reflex, z.B. das Zurückziehen der Hand) oder die Information über eine aufsteigende sensorische Bahn, die vom Rückenmark zum Thalamus zieht, verteilt wird und damit im Gehirn (z.B. sensorischer Cortex, Limbisches System „Emotionszentrum“) protokolliert und gespeichert wird.

Quelle: Blamb/Shutterstock.com, modifiziert

Los, komm mit zum Wandern!

Foto: Lelusy/Shutterstock.com

ein wenig die Relevanz dieses Sinnes, insbesondere für bewegliche Tiere, und das sind ja fast alle. Ohne die Tiefensensibilität fehlen uns Empfindungen für Bewegungen, Lage und Haltung des eigenen Körpers im Raum und somit auch die Fähigkeit, uns im Raum zu bewegen. Die Propriozeption ist somit ein wesentlicher Teil der Eigenwahrnehmung und ermöglicht folgende Funktionen:

a) Empfindung über die aktuelle Ausgangsstellung des Körpers;
b) Empfindung über das Bewegungsausmaß und die Lage des Körpers bei Bewegung;
c) Empfindung über Kraft- und Widerstand, Vermittlung und Dosierung zwischen Druck und Zug.

Sogenannte Propriorezeptoren in Muskeln und Gelenken vermitteln dem Organismus Informationen über Bewegungen, Haltung und die Position des Körpers im Raum, indem sie auf Druck oder Verformung reagieren. Anhand dieser Reize, welche die Propriorezeptoren an das Gehirn senden, entscheidet das Gehirn über notwendige Positionsanpassungen des Körpers und sendet entsprechende Befehle an die Muskeln, womit sich die Rückkopplungsschleife schließt. Die Aufnahme der Signale erfolgt über verschiedene Rezeptoren, zum Beispiel Muskelspindeln (monosynaptischer Dehnungsreflex), Sehnenspindeln (Eigenreflexapparat) und sensible Rezeptoren (Gelenkkapseln, Bänder, Knochenhaut). Sie sind oft Messfühler von Regelkreisen, die es erlauben, Körperstellungen zu kontrollieren und Bewegungen kontrolliert auszuführen. Ferner kommt es zu einer Interaktion der Propriorezeptoren mit Exterorezeptoren (wie Pacini-, Meissner-, Ruffini-, Merkel-Rezeptoren, siehe Kapitel 5.5). So geben zum Beispiel bei der visuellen Wahrnehmung Propriorezeptoren eine Rückmeldung über die Blickrichtung und Bewegung der Augen. Eine gute Propriozeption ist im Hundeleben genauso wichtig wie für den Menschen. Sie hilft dabei, dass unsere Hunde sich sicher bewegen und ihre Position im Raum richtig wahrnehmen. Das vermeidet im Alltag, aber auch im Hundesport Verletzungen. Sprünge werden mit einer guten Körperwahrnehmung zum Beispiel deutlich präziser ausgeführt.

Bei neurologischen Erkrankungen wie einem Bandscheibenvorfall oder Cauda-Equina-Syndrom (einer Schädigung des Nervengewebes am unteren Ende des Rückenmarks in der Wirbelsäule) haben Hunde häufig ein sehr schlechtes Körpergefühl, da die Nervenfunktion geschädigt und eingeschränkt ist.

Auch nach Verletzungen kann die Propriozeption gestört werden. Spezielles propriozeptives Training, das zunehmend auch für Hunde angeboten wird, schärft die Wahrnehmung, schult das Gleichgewicht und fördert die Reaktionsfähigkeit. Die Methode aus dem Profisport soll Verletzungen vorbeugen und die Leistung steigern.

Äh, irgendwie passe ich nicht rein!
Foto: Sophie Strodtbeck

> **«Der Hund ist der sechste Sinn des Menschen.»**
>
> Friedrich Hebbel,
> Dramatiker und Lyriker

8 Sechster, siebter, achter … Sinn?

Foto: Monica Martinez Do-Allo/Shutterstock.com

Sehen, Hören, Riechen, Schmecken und Tasten bezeichnen die fünf Sinne des Menschen und des Hundes. Auf den Menschen bezogen ist der „Sechste Sinn“ eine reale oder vermeintliche Fähigkeit, Dinge darüber hinaus wahrzunehmen, die mit diesen fünf Sinnen weder greifbar noch nachvollziehbar sind, sich aber scheinbar, angeblich oder wirklich als wahr herausstellen. Wissenschaftlich ist es nicht fassbar beziehungsweise nachweisbar, dass man es immer schon „gespürt“ habe. Begriffe wie Aura, Bauchgefühl und Vorhersehen liegen hier nicht fern. Biologisch gesehen, auf der Basis wissenschaftlicher Erkenntnisse, bleibt der „Sechste Sinn“ bislang immer noch ein Mythos. Es kommen aber in Zukunft sicher ein paar Sinnesleistungen des Hundes mit Alleinstellungsmerkmal gegenüber dem Menschen hinzu. Die wären dann aber kein Mythos mehr! Im Folgenden werden ein paar Sinneskandidaten beim Hund, die über den Status von Vermutungen hinaus sind, vorgestellt.

8.1 Nur Außenseiter? Infrarot- und Magnetsinn

Infrarotsinn. Infrarotstrahlung ist Wärmestrahlung, wie sie zum Beispiel von einem Heizkörper oder von einem warmen Tier ausgeht. Die Wellenlänge von Infrarotstrahlung reicht von 0,75 µm bis 1000 µm, zum Vergleich: Das sichtbare Licht liegt zwischen 0,38 µm bis 0,75 µm. Der Mensch besitzt im Kopfbereich oder am Körper keine speziellen Sensoren beziehungsweise Rezeptoren, mit denen er ein Wärmebild seiner Umgebung erstellen kann, auch fehlen entsprechende Nervenfasern, die die Rezeptorzellen mit dem Gehirn verbinden könnten. Natürlich kann der Mensch wie andere Säugetiere auch Kälte- und Wärme spüren, aber die dafür verantwortlichen Kalt- und Warmrezeptoren (manchmal auch Schmerzrezeptoren) bilden „nur“ eine recht diffuse Wahrnehmung des Gesamtzustandes ab. Ein reales Wärmebild wird dabei nicht erzeugt.

Dabei war die Natur nicht dumm und hat die Möglichkeit zur Nutzung des für die Körperzellen ungefährlichen Signals „Infrarot“ für das Scannen der Umwelt nicht verstreichen lassen. Die Fähigkeit Infrarot zu „sehen“ war für die Besetzung bestimmter ökologischer Nischen von großem Vorteil, zum Beispiel bei der nächtlichen Jagd. Die Protagonisten unter den Wirbeltieren mit eingebauter Infrarotkamera oder „Nachtsichtgerät“ sind die Grubenottern. Gemeinsames Merkmal aller Grubenottern sind die namengebenden, paarigen Grubenorgane, die sich am vorderen Oberkiefer zwischen Nasenlöchern und Augen befinden. Es handelt sich um grubenartige Vertiefungen, die durch eine etwa 15 Mikrometer dicke und sehr gut durch-

Ist das schön hier!

Foto: Rita_Kochmarjova/Shutterstock.com

blutete Membran in zwei Stockwerke unterteilt sind. Als Wärmerezeptoren dienen in der Membran zahlreiche sehr feine Enden des *Nervus trigeminus*. Dieser Nerv gehört zu den Kopfnerven. Die Rezeptoren sind im Infrarotbereich bei Wellenlängen von etwa 1 bis 1000 μ empfindlich. Das ist eine enorme Bandbreite. Sie messen Temperaturänderungen; dabei reicht eine Temperaturerhöhung um nur 0,003 Grad Celsius für eine Erregung aus. Die Grubenorgane vermitteln der Schlange ein dreidimensionales Wärmebild der Umgebung, sodass sie auch bei Dunkelheit warmblütige Beutetiere wahrnehmen kann.

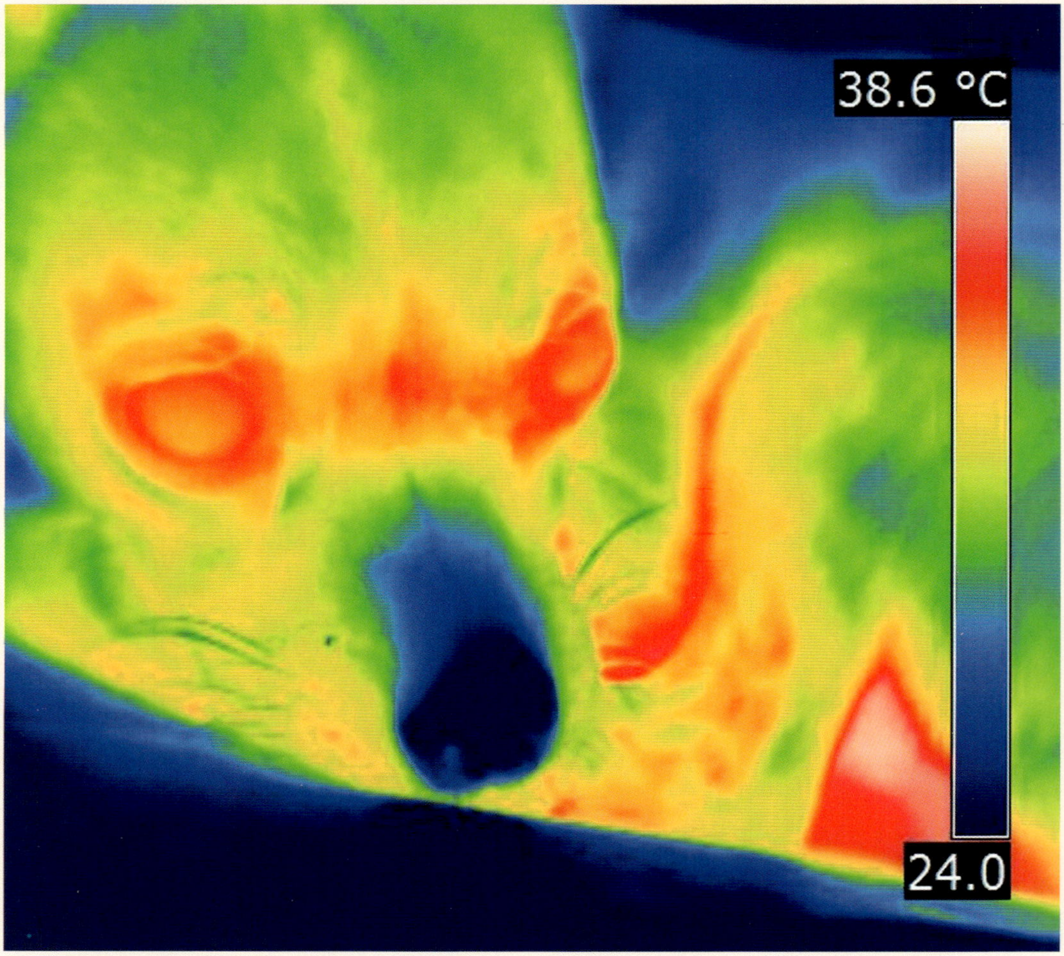

Coole Nase (Thermografiebild eines Hundes mit Wärmeskalierung in Grad Celsius).

Quelle: Saman Peters/Shutterstock.com

Der Hund ist neben einer Fledermausart das einzige der bislang untersuchten Säugetiere, das spezielle Infrarotrezeptoren aufweist, und zwar am Kopf, genauer der Nase. Dies ergaben Untersuchungen an 13 Hunden der Arbeitsgruppe von Ronald Kröger (Lund Universität, Schweden) (Bálint et al. 2020). Das macht die Hundenase nur noch interessanter. Diese Erkenntnis könnte erklären, warum seh-, hör- oder geruchseingeschränkte Hunde erstaunlich gut auch bei Dämmerung oder im Dunkeln in der Gegend herumstöbern können. Viel weiß man noch nicht, denn dazu ist die Forschung auf diesem Gebiet noch zu jung.

Viele Säugetiere haben eine haarlose, teilweise glatte Hautzone auf dem Nasenschwamm (Rhinarium) um die Nasenlöcher herum. Der Nasenschwamm ist physiologischerweise feucht und in einem bestimmten Temperaturbereich kälter als die betreffende Umgebung. Die Innervation dieses Bereichs ist enorm hoch, was per se schon erwarten lässt, dass der Kopfbereich nicht nur für die klassischen Sinnesorgane wichtig ist.

Um diese Annahme zu überprüfen, trainierten die schwedischen und ungarischen Forscher zunächst drei Hunde, zwischen einem warmen (31 Grad Celsius) und einem Objekt mit Raumtemperatur (neutrales Objekt genannt) zu wählen. Die Objekte waren in einem Abstand von 160 Zentimetern zueinander platziert. Die Gegenstände waren absolut identisch und geruchsfrei. In einer Doppelblindstudie wurden die Fähigkeiten der Hunde getestet, den wärmeren Gegenstand anzuzeigen. Im zweiten Teil der Studie standen 13 Hunde unterschiedlicher Rassen zur Verfügung, die darauf trainiert waren, still in der Röhre eines speziellen Computertomografen zu liegen, um einen Gehirn-Scan zu ermöglichen. Den Probanden wurden unter diesen Messbedingungen wieder die beiden Gegenstände präsentiert und es wurde geschaut, welche Gehirnareale jeweils dabei aktiviert wurden. Die Forscher waren sehr überrascht als sie sahen, dass das Areal im somatosensorischen Kortex, welches die Nervenimpulse der Nase annimmt, beim wärmeren Objekt aktiviert wurde, nicht aber beim neutralen (Bálint et al. 2020).

Weitere Experimente sind notwendig um abzuklären, welche Detektionssensitivität der neu postulierte Infrarotsinn beim Hund besitzt und auf welche Entfernung er arbeitet.

Magnetsinn. Über die „Big Five“ der Sinne wurde hier schon intensiv berichtet, dabei haben sich schon Wahnsinnsleistungen der Hunde herauskristallisiert, aber es gibt noch etwas, auf das ich Ihre Aufmerksamkeit lenken möchte, auch wenn die Forschung auf diesem Gebiet erst am Anfang steht: den Magnetsinn (Magnetorezeption). Als Magnetsinn oder Orientierung am Erdmagnetfeld wird in der Biologie die Fähigkeit von Tieren bezeichnet, das Magnetfeld der Erde wahrzunehmen und für die Ortsbestimmung zu nutzen. Die Fähigkeit, sich am Magnetfeld der Erde zu orientieren, wurde erst seit Mitte der 1960er-Jahre bei Tieren experimentell nachgewiesen. Wenn überhaupt, ist heute der sogenannte „Magnetkompass" der Zugvögel am besten untersucht. Nun gibt es Forschungsergebnisse aus Versuchen, die vermuten lassen, dass auch Hunde über eine Art Magnetkompass als bislang verborgene Sinnesfähigkeit verfügen. Es wird vermutet, dass der Hund diese zusätzliche Sinnesinformation bei der Erstellung einer Raumvorstellung benutzt. Es gibt bislang keine Vorstellung, wo ein Magnetorezeptor angesiedelt sein könnte und welches Gehirnareal damit korrespondiert. Es gibt nur Ergebnisse aus Verhaltensexperimenten, nicht aber aus neurophysiologischen Studien.

Im Jahr 2013 wurde gezeigt, dass Hunde in einem kontrolliertem Versuch sich mehrheitlich in Nord-Süd-Richtung ausrichteten, wenn sie ihr kleines und großes Geschäft verrichteten (Hart et al. 2013). Es wird vermutet, dass dieses Verhalten zum Territorialverhalten zu zählen ist, insbesondere Markierung und Erkennung. Mit Navigation hätte das in diesem Fall demnach nichts zu tun.

In einer relativ aktuellen Untersuchung ging es um die Frage, wie Jagdhunde zu ihrem Ausgangspunkt zurückfinden, denn darüber ist noch nicht allzu viel bekannt. Es wurden Jagdhunde mit GPS-Sendern und Body Cams ausgestattet. In einem waldigen Gelände durften die Tiere einer etwa 400 Meter langen, mit Geruch markierten Strecke frei folgen. In aufwendiger Arbeit wurde die Art und Weise zum Hundeführer zurückzukehren ausgewertet und statistisch analysiert (600 Einzelläufe!). Das Ergebnis war interessant: Ein Teil der Hunde lief die Strecke, auf der sie gekommen waren, zurück („Tracking"), der andere Teil wählte einen ganz anderen Kurs („Scouting") (Benediktová et al. 2020).

Bei der Interpretation der Trials fiel auf, dass beim „Scouting“ die Hunde etwa bei der Hälfte der Strecke stoppten und sich auf den nächsten 20 Metern entlang einer Nord-Süd-Achse ausrichteten. Es wirkte wie ein „ich fange noch einmal neu an“, bevor sie dann zum Hundeführer zurückkehrten. Noch liegen zu wenige Daten vor, um von einer Magnetorezeption beim Hund im wissenschaftlichen Sinne zu sprechen, aber die Forscher sind zuversichtlich, dass sie auf der richtigen Spur sind (Martini et al. 2018).

8.2 Un-Sinn? Sinn für Zahlen und Zeit

Eins, zwei, drei, viele? Zahlensinn. Seit einigen Jahren ist man sich sicher, dass Hunde wie viele andere Tiere auch eine im Gehirn verankerte Fähigkeit besitzen, mit Zahlen umzugehen. Die Fähigkeiten des Zahlensinns sind abhängig von der evolutionären Entwicklungsstufe (Fische → Vögel → Säugetiere) und den unterschiedlichen Ansprüchen der jeweils speziellen Lebensweise (beispielsweisesolitär oder gesellig).

Studieren macht müde.

Foto: Alexander-2020/Shutterstock.com

Die beobachteten Rechenfähigkeiten reichten vom simplen Mengenvergleich (Numerosität) bis zum echten Zählen. In einer Studie mit Hunden haben die Verhaltensforscher elf Tieren Leckerlis in unterschiedlicher, niedriger Zahl präsentiert. Die Tiere schienen dabei die Inhalte verschiedener Näpfe zusammenrechnen zu können (West und Young 2002). Wie kamen die Forscher darauf? Es gab schon einen Versuch mit fünf Monate alten Menschenbabys, der gezeigt hatte, dass Babys schon in diesem Alter zwischen „viel" und „wenig" unterscheiden können (Mengensinn). Bei dem Experiment wurden den Säuglingen mehrere Puppen gezeigt, die anschließend von einem Vorhang verdeckt wurden. Während die Puppen verdeckt waren, stellten die Forscher vor den Augen der Babys weitere Puppen auf und beobachteten die Reaktion auf die Gesamtzahl der Puppen, nachdem der Vorhang wieder gelüftet wurde. War heimlich auch die Zahl der Puppen hinter dem Vorhang verändert worden, schauten die Babys deutlich länger auf das Ensemble, vermutlich weil die Gesamtzahl nicht ihren Erwartungen entsprach. Eine Adaptation des Säuglingsversuchs für Beobachtungen mit Hunden führten West und Young durch. Sie nannten diesen Ansatz *Preferential Looking Technique* (Wo schaut der Testkandidat bevorzugt hin?). Den Hunden wurden drei einfache Aufgaben gestellt: „1 + 1 = 2", „1 + 1 = 1" und „1 + 1 = 3". Das lief so ab, dass den Hunden hinter einer Scheibe Leckerchen präsentiert wurden. Diese Belohnungen konnten außer Sicht genommen werden und ihre Anzahl entsprechend den drei Gleichungen verdeckt verändert oder nicht verändert werden. Anschließend wurden sie erneut den Testprobanden präsentiert. Hatte sich nichts verändert, das den Hunden erneut Gezeigte also den Erwartungen entsprach, studierten sie den Anblick genauso lange wie zuvor. Wenn die Präsentation jedoch ein unerwartetes Ergebnis zeigte, blickten die Probanden signifikant länger auf die Testleckerlis („Hä, da stimmt was nicht!"). Die Autoren schlossen aus ihren Versuchsergebnissen auf die kognitive Fähigkeit des Mengenvergleichs beim Hund („Mengensinn", Zahlenschätzsystem, englisch: *Approximate Number System*, ANS) wie sie der Mensch auch hat (West und Young 2002). Spätere Untersuchungen mit anderen Techniken konnten diese Annahme untermauern (Aulet et al. 2019). Der Sitz des ANS befindet sich im Neokortex (Lorenzi et al. 2021). Der Mengenvergleich ist eine Urform des Rechnens. Eine Ursache für die numerischen Fähigkeiten der Hunde könnte ihre Abstammung vom Wolf sein. Wölfe haben nicht nur einen großen Neokortex (das Zentrum logischen Denkens im Hirn), sondern leben auch in großen Rudeln. Die Zählfertigkeit könnte sich daher im Laufe der Evolution als Vorteil erwiesen haben, um die Zahl der eigenen Verbündeten und die der Feinde abschätzen zu können.

Kommst Du heut nicht, kommst Du morgen: Zeitsinn? Gibt es einen Zeitsinn beim Hund? Hunde schauen natürlich nicht auf ihre Armbanduhr oder schreiben „12:00 Uhr" mit der Pfote in den Sand. Sie stehen auch nicht hinter der Haustür und bellen: „Du kommst aber zwei Stunden zu spät!" Trotzdem wecken sie uns Besitzer, wenn wir morgens zu lange schlafen sollten, und scheinen ganz genau zu wissen, wann es Zeit zum Füttern, Spazierengehen oder für die tägliche Spielsession ist. Doch was bedeutet Zeit eigentlich für Hunde – und wie nehmen sie Zeiträume wahr? Im Sinne der in diesem Buch beschriebenen neuro- und sinnesphysiologischen Fähigkeiten, die meist mit einer Sinnesnervenzelle und Nervenfasern beginnen und mit einem zugeordneten Gehirnareal enden, kann klar gesagt werden, dass es einen Zeitsinn beim Hund nicht gibt. Eher können wir von einem Zeitgefühl sprechen. Ähnlich wie beim Mengensinn geht es wohl eher um eine Schätzung, vielleicht mit den beiden Entscheidungskriterien „kurz" oder „lang". Wir Menschen nehmen dazu unterschiedliche Werkzeuge zu Hilfe, zum Beispiel eine Eieruhr, eine Stoppuhr oder früher die Sonnenuhr. Das Thema Zeit und Uhr und ihre Relativität hat Loriot, der Altmeister des deutschen Humors, wunderbar in seinem Sketch „Das Frühstücksei"

Zeitgefühl. *Foto: Savotije/Shutterstock.com*

karikiert, in dem ein Ei eine Hauptrolle spielt, das viereinhalb Minuten nach „Gefühl" weich gekocht wird und eben nicht nach der Eieruhr. Auf die Spitze mit der Zeitgenauigkeit des Menschen wird es getrieben, wenn ein 200 Kilometer langes Profiradrennen am Ende nicht per Stoppuhr, sondern mit Zielfoto entschieden wird, weil es um Tausendstel einer Sekunde geht. Zur Einschätzung nutzt das Gehirn etwa das Maß der geistigen Tätigkeiten oder Denkprozesse, die aus der Beschäftigung während des Vorgangs entstehen. Erfordert ein objektiver Vorgang hohe Aufmerksamkeit, empfinden wir ihn als länger, als wenn er nur wenige Denkprozesse erregt. Die Dauer einer Ereigniskette wird auch von uns subjektiv empfunden: Schätzen Sie mal die Dauer eines objektiven Vorgangs, wenn Sie Zeit haben gegenüber der Einstellung „Ich habe keinen Bock mehr zu warten!" Auch wir haben keinen endogenen Taktgeber wie die besagte Uhr, meist mischt sich nämlich das limbische System ein.

Wir können den Spruch „der Mensch ist ein Gewohnheitstier" ja mal verkehren in „der Hund ist ein Gewohnheitsmensch". Hunde sind nämlich Weltmeister darin, Muster bei uns zu erkennen. Die kleinsten Verhaltensweisen, die wir Besitzer zeigen und immer wiederholen, nehmen Hunde wahr und reagieren darauf. Sie können sogar den Unterschied im Tagesablauf während der Woche von dem am Wochenende unterscheiden.

Ein wichtiger Faktor, der das Zeitgefühl von Hunden stark beeinflusst, ist der endogene Biorhythmus. Wie die meisten Säugetiere leben Hunde in einem zirkadianen Rhythmus. Unter dem Begriff versteht man per Definition einen biologischen Rhythmus mit einer Dauer von etwa 24 Stunden. Beim Menschen ist das nicht anders. So entwickeln sich im Lauf der Zeit zwischen Besitzer und Hund eingespielte Routinen, die dem Hund mitteilen, wann es Zeit für den nächsten Schritt im Tagesablauf ist.

Dieser Vorgang kann durch die besonderen sensorischen Fähigkeiten des Hundes unterstützt werden, zum Beispiel wenn er sich am Tageslicht über den Sehsinn orientiert. Bei den Zeitumstellungen von Sommer- und Winterzeit kommt dann unter Umständen einiges durcheinander, weil die Mensch-Hund-Routine plötzlich nicht mehr synchron ist, weil der Mensch seinem Wecker folgt und der Hund seinem zirkadianen Rhythmus. Dann muss der Hund sich erst langsam an die neue Situation gewöhnen. Wie wir schon gesehen haben, ist für den Hund der Riechsinn von besonders hervorgehobener Bedeutung. Wenn Herrchen die Wohnung verlässt, wird sein Eigengeruch mit der Zeit in den Räumlichkeiten abnehmen. Dieses Signal könnte biologisch gesehen theoretisch als ein Zeitmaß genommen werden. Einen Beweis, der diese These stützt, haben wir aber bislang nicht. Evolutionsgeschichtlich ist ein Zeitsinn im Sinne einer tickenden Uhr sicherlich nie ein großes Erfolgsziel gewesen. Die eingebauten biologischen Uhren, neuronal und hormonell vermittelt, waren offensichtlich voll ausreichend, um den Hundephänotyp zu entwickeln, wie wir ihn kennen. Wie sagte Albert Einstein: „Zeit ist das, was man an der Uhr abliest." Sie ist eine physikalische Größe, ein definierter Zahlenwert, der nur in der humanen Welt eine Rolle spielt.

Yippie, endlich Auslauf!

Foto: Peter Kaul Fotografie/Shutterstock.com

«Nichts ist im Verstand, was nicht vorher in der Wahrnehmung wäre.»

Thomas von Aquin, Philosoph

9 Epilog

Foto: Sophie Strodtbeck

Alle Sinne beisammen?

Nun haben wir alle etablierten und auch die vermuteten Sinne beisammen, die dazu beitragen, den Hund so außergewöhnlich zu machen. Auch wurden Sinnesfähigkeiten beschrieben, die in das etablierte Fünf-Sinne-Modell über kurz oder lang integriert werden könnten. Die Fähigkeiten der Sinnesorgane des Hundes basieren selbstverständlich auf der genetischen Ausstattung seines Vorfahren, dem Wolf. Der Wolf hat sie in einer für uns unvorstellbar langen Zeit der Evolution für seine spezielle Lebensweise im ökologischen Gesamtsystem als das für das Überleben seiner Spezies optimale System entwickelt. Einher mit der anatomischen und physiologischen Entwicklung der Sinnesorgane selbst ging die Entwicklung des Gehirns sozusagen als der Überbau, der alles erst ermöglicht. Neben dem Überleben in der Umwelt und der Fortpflanzung stand bei der Wahl und der Entwicklung der für die Lebensziele besten Gehirn- und Sinnesfähigkeiten auch die soziale Komponente im Vordergrund. Wölfe haben dadurch ein hoch entwickeltes Sozialverhalten entwickelt und leben in einem Familienverband, in dem es eine klare Sozialstruktur gibt. Diese Fähig-

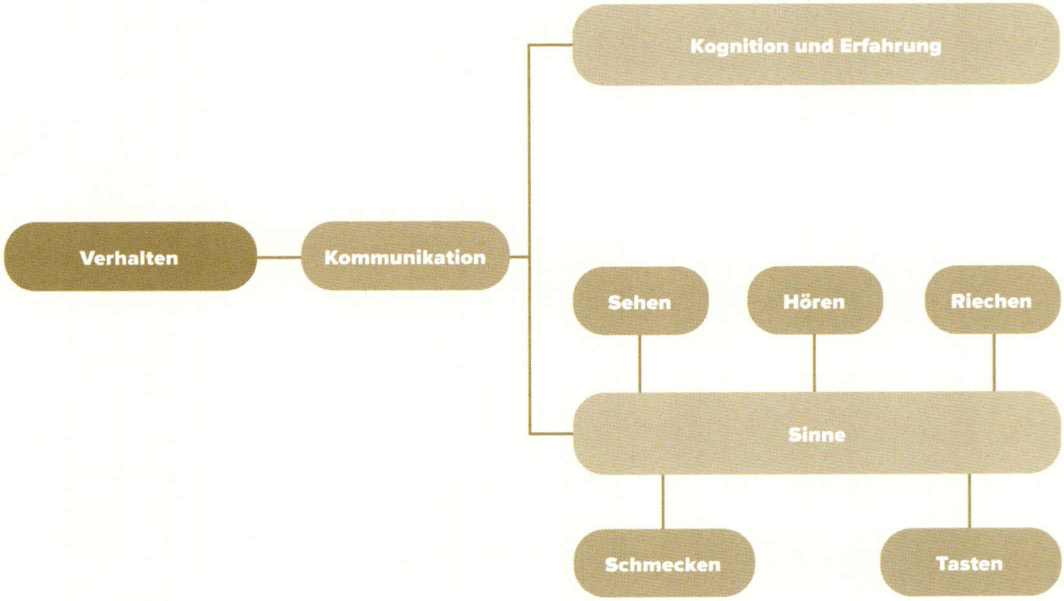

Sinne bedeuten Wissen: Kognition und Erfahrung sowie der Sinnes-Input beeinflussen ganz wesentlich die Kommunikation mit der Umwelt. Das wirkt sich rückwärts auf das Verhalten aus, welches wiederum in einem Wechselspiel Kommunikation, Kognition und Erfahrung modulieren kann.

Quelle: Schröder

keiten stecken natürlich auch in unseren Hunden und sind Basis für Kommunikation und Verhalten im Zusammenleben mit uns.
Es gibt verschiedene sensorische Modelle, doch wie hier auch für den Hund beschrieben, steht meist das Fünf-Sinne-Modell im Vordergrund: Sehen, Hören, Riechen, Schmecken und Tasten. Diese klassischen Wahrnehmungssinne bilden ein zentrales Element für die Kommunikation zwischen Hund und Umwelt, Artgenossen und Mensch. Die Kommunikation ihrerseits macht diese Sinne aber erst gemeinsam erfahrbar. Sinneseindrücke, Verhalten, Kommunikation oder in anderer Reihenfolge Sinneseindrücke, Kommunikation, Verhalten – vielleicht sollte ich es „kommunikatives Verhalten" nennen – basiert auf den Fähigkeiten der Sinnesorgane, die immer am Anfang der Reaktionskette stehen und dann natürlich auf den kognitiven Voraussetzungen. Die Auswirkungen auf das Zusammenleben von Hund und Mensch, das auf der hier beschriebenen Sinnesphysiologie aufbaut, ist jedoch Thema der Verhaltensbiologie. (Abb. links Kommunikation und Verhalten)

Fliegen müsste man können ...

Foto: Schröder

Jetzt wird gechillt.

Foto: Schröder

Danksagung

Foto: Schröder

Ganz herzlich möchte ich mich bei allen bedanken, die zur Entstehung dieses Buches beigetragen haben.
Ein großes Dankeschön geht an meine Frau Heike, mit der ich immer über alles kritisch diskutieren konnte, ich aus biologischer und sie aus tiermedizinischer Sicht. In der eher prokastrinatorisch geprägten Schreib-Anfangsphase von mir, als der Ukraine Krieg und die neue Pandemiewelle zusammentrafen, hat sie kurzerhand den Prolog für mich übernommen. Das war dann für mich wie eine Initialzündung, das Projekt in der relativ kurzen Zeit zu verwirklichen.
Ein großer Dank geht an den geschätzten Kollegen Prof. Dr. med. vet. Ingo Nolte, der auf meine Anfrage hin, den Part des Vorworts zu übernehmen, ohne zu zögern zugesagt hat, ohne dass schon ein Satz des Textes vorgelegen hätte.
Ganz besonders hervorheben möchte ich Sophie Strodtbeck, bei der ich durch die zwei Buchprojekte in den ersten beiden Coronajahren als Co-Autor für das jetzige Soloprojekt viel neue Erfahrung sammeln durfte. Sie hat diesmal nicht nur das Titelbild zur Verfügung gestellt, sondern noch etliche andere tolle, unverwechselbare Bilder innerhalb des Buches.
Danke dafür!
Ich bedanke mich außerdem bei Catharina („Catha“) Cordes, die mir genau wie schon bei meinem letzten Buch tolle, zauberhafte Fotos zur Verfügung gestellt hat.
Auch Alexandra Eschenberg, Britta Maatz und Maria Koch haben mir mit ihren fotografischen Beiträgen zu diesem Buch sehr geholfen.
Mein Dank gilt selbstverständlich auch Claudia König vom Müller Rüschlikon Verlag mit der mich jetzt schon fast eine Tradition verbindet. Claudia ließ mir wie gewohnt weitgehend freie Hand und hat mich in allen Phasen der Produktion ausgesprochen gut betreut. Ich kann sie als Lektorin jedem, der überlegt, ein Buchprojekt zu starten, ohne Einschränkung wärmstens ans Herz legen.

Literaturverzeichnis

Aulet, Lauren S.; Chiu, Veronica C.; Prichard, Ashley; Spivak, Mark; Lourenco, Stella F.; Berns, Gregory S. (2019): Canine sense of quantity: evidence for numerical ratio-dependent activation in parietotemporal cortex. In: Biology Letters 15 (12), S. 20190666. DOI: 10.1098/rsbl.2019.0666.

Avenet, P. (1992): Role of amiloride-sensitive sodium channels in taste. In: Society of General Physiologists series 47, S. 271–279.

Avenet, P.; Lindemann, B. (1988): Amiloride-blockable sodium currents in isolated taste receptor cells. In: The Journal of Membrane Biology 105 (3), S. 245–255. DOI: 10.1007/BF01871001.

Bálint, Anna; Andics, Attila; Gácsi, Márta; Gábor, Anna; Czeibert, Kálmán; Luce, Chelsey M. et al. (2020): Dogs can sense weak thermal radiation. In: Scientific Reports 10 (1), S. 3736. DOI: 10.1038/s41598-020-60439-y.

Barber, Anjuli L. A.; Wilkinson, Anna; Montealegre-Z, Fernando; Ratcliffe, Victoria F.; Guo, Kun; Mills, Daniel S. (2020): A comparison of hearing and auditory functioning between dogs and humans. In: CCBR 15, S. 45–94. DOI: 10.3819/CCBR.2020.150007.

Benediktová, Kateřina; Adámková, Jana; Svoboda, Jan; Painter, Michael Scott; Bartoš, Luděk; Nováková, Petra et al. (2020): Magnetic alignment enhances homing efficiency of hunting dogs. In: eLife 9. DOI: 10.7554/eLife.55080.

Bushdid, C.; Magnasco, M. O.; Vosshall, L. B.; Keller, A. (2014): Humans can discriminate more than one trillion olfactory stimuli. In: Science 343 (6177), S. 1370–1372. DOI: 10.1126/science.1249168.

Buzek, Anna; Serwańska-Leja, Katarzyna; Zaworska-Zakrzewska, Anita; Kasprowicz-Potocka, Małgorzata (2022): The Shape of the Nasal Cavity and Adaptations to Sniffing in the Dog (Canis familiaris) Compared to Other Domesticated Mammals: A Review Article. In: Animals: An Open Access Journal from MDPI 12 (4). DOI: 10.3390/ani12040517.

Catania, K. C. (2000): Epidermal sensory organs of moles, shrew moles, and desmans: a study of the family talpidae with comments on the function and evolution of Eimer's organ. In: Brain, Behavior and Evolution 56 (3), S. 146–174. DOI: 10.1159/000047201.

Chiao, Chuan-Chin; Vorobyev, Misha; Cronin, Thomas W.; Osorio, Daniel (2000): Spectral tuning of dichromats to natural scenes (40). In: Vision Research 40 (2000) 3257–3271.

Cole, Lynette K. (2010): Anatomy and physiology of the canine ear. In: Veterinary Dermatology 21 (2), S. 221–231. DOI: 10.1111/j.1365-3164.2010.00885.x.

Craven, Brent A.; Paterson, Eric G.; Settles, Gary S. (2010): The fluid dynamics of canine olfaction: unique nasal airflow patterns as an explanation of macrosmia. In: Journal of the Royal Society, Interface 7 (47), S. 933–943. DOI: 10.1098/rsif.2009.0490.

Dickey, Tommy; Junqueira, Heather (2021): Toward the use of medical scent detection dogs for COVID-19 screening. In: Journal of Osteopathic Medicine 121 (2), S. 141–148. DOI: 10.1515/jom-2020-0222.

Elofsson, Rolf; Kröger, Ronald H. H. (2020): A new type of somatosensory organ in the nasolabial skin of the dog. In: Journal of Morphology 281 (3), S. 413–419. DOI: 10.1002/jmor.21108.

Eskandari, Esmaeil; Ahmadi Marzaleh, Milad; Roudgari, Hassan; Hamidi Farahani, Ramin; Nezami-Asl, Amir; Laripour, Reza et al. (2021): Sniffer dogs as a screening/diagnostic tool for COVID-19: a proof of concept study. In: BMC Infect Dis 21 (1), S. 243. DOI: 10.1186/s12879-021-05939-6.

Go, Yasuhiro (2006): Proceedings of the SMBE Tri-National Young Investigators' Workshop 2005. Lineage-specific expansions and contractions of the bitter taste receptor gene repertoire in vertebrates. In: Molecular Biology and Evolution 23 (5), S. 964–972. DOI: 10.1093/molbev/msj106.

Grimm-Seyfarth, Annegret; Harms, Wiebke; Berger, Anne (2021): Detection dogs in nature conservation: a database on their worldwide deployment with a review on breeds used and their performance compared to other methods. In: Methods in Ecology and Evolution, Bd. 12, Ausgabe 4, April 2021, S. 568-579.

Hart, Vlastimil; Nováková, Petra; Malkemper, Erich Pascal; Begall, Sabine; Hanzal, Vladimír; Ježek, Miloš et al. (2013): Dogs are sensitive to small variations of the Earth's magnetic field. In: Frontiers in Zoology 10 (1), S. 80. DOI: 10.1186/1742-9994-10-80.

Ibarra-Castaneda, Nereida; Moy-Lopez, Norma A.; Gonzalez-Perez, Oscar (2022): Tactile information from the vibrissal system modulates hippocampal functioning. In: Current Research in Neurobiology 3, S. 100034. DOI: 10.1016/j.crneur.2022.100034.

Jardim-Messeder, Débora; Lambert, Kelly; Noctor, Stephen; Pestana, Fernanda M.; Castro Leal, Maria E. de; Bertelsen, Mads F. et al. (2017): Dogs Have the Most Neurons, Though Not the Largest Brain: Trade-Off between Body Mass and Number of Neurons in the Cerebral Cortex of Large Carnivoran Species. In: Frontiers in Neuroanatomy 11, S. 118. DOI: 10.3389/fnana.2017.00118.

Jendrny, Paula; Schulz, Claudia; Twele, Friederike; Meller, Sebastian; Köckritz-Blickwede, Maren von; Osterhaus, Albertus Dominicus Marcellinus Eras et al. (2020): Scent dog identification of samples from COVID-19 patients – a pilot study. In: BMC Infect Dis 20 (1). DOI: 10.1186/s12879-020-05281-3.

Jendrny, Paula; Twele, Friederike; Meller, Sebastian; Schulz, Claudia; Köckritz-Blickwede, Maren von; Osterhaus, Albertus Dominicus Marcellinus Eras et al. (2021): Scent dog identification of SARS-CoV-2 infections in different body fluids. In: BMC Infect Dis 21 (1), S. 707. DOI: 10.1186/s12879-021-06411-1.

Kumazawa, T.; Kurihara, K. (1990): Large synergism between monosodium glutamate and 5'-nucleotides in canine taste nerve responses. In: The American Journal of Physiology 259 (3 Pt 2), R420-6. DOI: 10.1152/ajpregu.1990.259.3.R420.

Liman, Emily R. (2020): Salty Taste: From Transduction to Transmitter Release, Hold the Calcium. In: Neuron 106 (5), S. 709–711. DOI: 10.1016/j.neuron.2020.05.012.

Lindemann, B. (1996): Taste reception. In: Physiological Reviews 76 (3), S. 719–766. DOI: 10.1152/physrev.1996.76.3.719.

Lord, Kathryn (2013): A Comparison of the Sensory Development of Wolves (Canis lupus lupus) and Dogs (Canis lupus familiaris). In: Ethology 119 (2), S. 110–120. DOI: 10.1111/eth.12044.

Lorenzi, Elena; Perrino, Matilde; Vallortigara, Giorgio (2021): Numerosities and Other Magnitudes in the Brains: A Comparative View. In: Frontiers in Psychology 12, S. 641994. DOI: 10.3389/fpsyg.2021.641994.

Malkemper, Erich Pascal; Mason, Matthew J.; Burda, Hynek (2020): Functional anatomy of the middle and inner ears of the red fox, in comparison to domestic dogs and cats. In: Journal of Anatomy 236 (6), S. 980–995. DOI: 10.1111/joa.13159.

Martini, Sabine; Begall, Sabine; Findeklee, Tanja; Schmitt, Marcus; Malkemper, E. Pascal; Burda, Hynek (2018): Dogs can be trained to find a bar magnet. In: PeerJ 6, e6117. DOI: 10.7717/peerj.6117.

Maßberg, Désirée; Hatt, Hanns (2018): Human Olfactory Receptors: Novel Cellular Functions Outside of the Nose. In: Physiological Reviews 98 (3), S. 1739–1763. DOI: 10.1152/physrev.00013.2017.

Mierson, S.; DeSimone, S. K.; Heck, G. L.; DeSimone, J. A. (1988): Sugar-activated ion transport in canine lingual epithelium. Implications for sugar taste transduction. In: The Journal of General Physiology 92 (1), S. 87–111. DOI: 10.1085/jgp.92.1.87.

Neitz, J.; Geist, T.; Jacobs, G. H. (1989): Color vision in the dog. In: Visual Neuroscience 3 (2), S. 119–125. DOI: 10.1017/s0952523800004430.

Peichl, Leo (2005): Diversity of mammalian photoreceptor properties: adaptations to habitat and lifestyle? In: The Anatomical Record. Part A, Discoveries in molecular, cellular, and evolutionary biology 287 (1), S. 1001–1012. DOI: 10.1002/ar.a.20262.

Peterhans, Esther (2015): Der Sehsinn der Tiere. Einführung in die neuronalen Grundlagen des Sehens. 1. Auflage: 2015. Bern: Haupt Verlag.

Quindlen-Hotek, Julia C.; Bloom, Ellen T.; Johnston, Olivia K.; Barocas, Victor H. (2020): An inter-species computational analysis of vibrotactile sensitivity in Pacinian and Herbst corpuscles. In: Royal Society Open Science 7 (4), S. 191439. DOI: 10.1098/rsos.191439.

Scholtyßek, C.; Kelber, A. (2017): Farbensehen der Tiere : Von farbenblinden Seehunden und tetrachromatischen Vögeln. In: Der Ophthalmologe : Zeitschrift der Deutschen Ophthalmologischen Gesellschaft 114 (11), S. 978–985. DOI: 10.1007/s00347-017-0543-6.

Simon, S. A.; Garvin, J. L. (1985): Salt and acid studies on canine lingual epithelium. In: The American Journal of Physiology 249 (5 Pt 1), C398-408. DOI: 10.1152/ajpcell.1985.249.5.C398.

Simon, Sidney A.; Gutierrez, Ranier (2017): Neurobiology of TRP Channels. TRP Channels at the Periphery of the Taste and Trigeminal Systems. Hg. v. Tamara Luti Rosenbaum Emir. Boca Raton (FL) CRC Press/Taylor & Francis. In: Frontiers in Neuroscience.

Smith, Christopher M.; Laitman, Jeffrey T. (2021): Alterations to vestibular morphology in highly bred domestic dogs may affect balance. In: Anatomical Record (Hoboken, N.J. : 2007) 304 (1), S. 116–126. DOI: 10.1002/ar.24423.

Smith, Timothy D.; van Valkenburgh, Blaire (2021): The dog-human connection. In: Anatomical Record (Hoboken, N.J. : 2007) 304 (1), S. 10–18. DOI: 10.1002/ar.24534.

West, Rebecca E.; Young, Robert J. (2002): Do domestic dogs show any evidence of being able to count? In: Animal Cognition 5 (3), S. 183–186. DOI: 10.1007/s10071-002-0140-0.

Yamaue, Yasuhiro; Hosaka, Yoshinao Z.; Uehara, Masato (2015): Spatial relationships among the cellular tapetum, visual streak and rod density in dogs. In: The Journal of Veterinary Medical Science 77 (2), S. 175–179. DOI: 10.1292/jvms.14-0447.

Stichwort-verzeichnis

Weitere interessante Bücher aus dem Verlag Müller Rüschlikon

Sophie Strodtbeck / Bernd Schröder
Der alternde Hund
Verhalten – Medizin – Biologie
192 Seiten, 180 Bilder
ISBN: 978-3-275-02229-8
€ 29,90 | **€** (A) 30,80

Sophie Strodtbeck / Bernd Schröder
Ernährung & Verhalten beim Hund
Verhalten beeinflussen durch
eine typgerechte Fütterung
192 Seiten, 200 Bilder
ISBN: 978-3-275-02199-4
€ 29,90 | **€** (A) 30,80

Susanna Simon / Christina Bleßmann
Go. Find.
Folge der Freude – Mantrailing –
Das Ausbildungsbuch
192 Seiten, 200 Bilder
ISBN: 978-3-275-02243-4
€ 24,90 | **€** (A) 25,60

Martina Stricker
Flächensuche mit Hund
Vom Freizeitspaß bis zur Vermisstensuche im Ret-
tungseinsatz
160 Seiten, 191 Bilder
ISBN: 978-3-275-02139-0
€ 19,95 | **€** (A) 20,60

Müller Rüschlikon

Überall, wo es Bücher gibt, oder unter
www.mueller-rueschlikon.de
Service-Hotline: 0711 / 78 99 21 51

Änderungen in Preis und
Lieferfähigkeit vorbehalten.